COLORS DESIGN IN SPACE

室內空間配色

基礎課

DESIGNERS / TIPS SHARING / CASES ANALYSES

台灣東販編輯部 —— 著

CONTENTS

CHAPTER 1

關於色彩，你該懂的這些事

CHAPTER 2

家的配色，你可以這樣做

POINT 1 · 從專家思維了解空間配色

POINT 2 · 10 個好上手實作技巧

不怕用色，家就要這樣配色

HOW COLOR CAN CHANGE YOUR HOME.

CHAPTER 1

關於色彩，你該懂的這些事

POINT

1

色彩與空間
的關係

談到空間設計，多數人會先想到風格或機能規劃，但其實人進入空間中第一個映入眼簾的是色彩，而且在離開空間後留在腦中的印象多半也是色彩，這說明色彩對空間的影響遠比我們想像的還要深刻且久遠。色彩除了可左右空間給人的感覺外，懂色彩的人還可應用它來彰顯空間優點、遮蔽缺點，或凸顯風格與個性，好讓每天生活的環境更為繽紛、有質感或更有層次。

而該如何用色彩讓空間更出色？當然就要先來認識色彩的特性，你知道色彩可分為冷色調、暖色調、中性色、大地色調與白色調等五大類型，但如何應用你真的了解嗎？小心用錯了可會適得其反喔！

空間設計暨圖片提供｜爾聲空間設計

CHAPTER 1．關於色彩，你該懂的這些事

關鍵
01

冷色調

冷調藍、青、靛，
理性、內斂的酷精靈

一般人對於冷色調的既定印象，大多是冷冽、缺少溫度，除了某些特定居家風格外，多數人不太會選擇使用冷色調，但其實冷色系並非只有單一面相，選用不同色階的冷色調，或在色彩裡摻入灰、白色等，就能改變原來的冷硬感，帶來沉穩、寧靜感受。

冷色調又被稱爲寒色系，色環中的藍、青、靛色都屬於冷色調，來自於海洋或星空的藍色，是色相中的原始顏色之一，散發著安靜、和平、理性、穩定甚至有點冰冷的氣息。至於青色則是較藍色更爲澄澈的顏色，視覺上較輕盈，給人一種具穿透力的能量，但同樣具有冷靜、篤定與內斂的寧靜特質。而靛色是介於藍與藍紫之間的顏色，顏色本身雖黯沉，但因色彩中含有少量紅色成分，使靛色彷彿隱含著動能，散發著具智慧、聰明與創意等意涵。

涼感的大自然色調能爲空間降溫

在大自然中的冷色調多半與冰山、藍天、海洋……等顏色有關，因此容易給人寒冷、冰涼、寧靜的聯想，適度地使用在室內設計中，確實可營造出冷冽的氛圍，例如沁涼的天空藍、冰山藍等色彩都可經視覺營造心靜自然涼的感受；但若是使用於戶外則可能因爲深色容易吸熱，未必有降溫效果。

另外，有人認爲寒色系會讓家看起來感覺不夠溫暖，這倒未必，因爲空間並非單純只有色彩一個元素，除了商業空間刻意以冷色調將空間營造出冰冷感，若在居家中只是單面牆色的應用，卽可搭配暖色燈光，或木質、皮革家具、掛畫等軟件來調整色調，改善過度冰冷的空間感。

冷色調不冷僻，百搭且不張揚

冷僻性格的人較難相處，會不會冷色調色彩也不好和別的顏色作搭配呢？這倒是不盡然，冷色調其實是空間中很好的基礎色，理性、沉靜而不搶戲的色彩特質，讓藍色很容易與其它色彩互相搭配，例如藍色與紅色可營造強烈而絕對的活力感；與黃色系搭配則能展現大自然生命力；

冷色調不是只有冰冷、暗沉印象，當採光與周邊配色允許，可將彩度調高，強化對比製造出亮麗感。圖片提供暨圖片提供｜爾聲空間設計

而且這種冷暖互相穿插的配色，也能讓畫面有種相互制衡的均衡感。

另外，若是同色系的深淺藍色搭配則可以展現出俐落、簡單的個性美，而且可讓視覺有種放鬆的紓壓感，無論是在公領域、書房或臥室都很合適。最後，冷色調和白色搭配可營造藍天白雲的清爽空氣感，這也證明冷色調可說是百搭且不張揚的色調。

冷色調會不會讓空間看起來變小

許多人都知道想讓身材顯瘦可以穿上冷色調的衣服，因為冷色調是後退色，後退色容易讓物品看起來比實際還小一些，這樣說來，牆面漆上冷色調的話，會不會讓空間看起來變小了呢？答案是不會。

因為漆上冷色調的牆面本身會有後退感，因此，當人在室內，冷色調牆面的後退感反而能降低一些緊迫感，使空間產生放大的錯覺，若再搭配色彩的深淺應用或對比設計，可以讓空間量體有明顯的比較感，冷色調的區域則會有明顯的放寬效果，這也是冷色調空間可以讓人覺得紓壓的原

因之一，想讓家更具有寧靜氣息的人不妨試試。

· 冷色調可展現出俐落、理性氛圍，在書房區選用高彩度、低明度的普魯士藍，讓開放書房更有安定感。空間設計暨圖片提供｜Sophysouldesign 沐光植境

· 帶點灰綠調的藍色主牆為臥室營造寧靜、和平的氣息，不僅有助於睡眠，搭配灰色調床組更有紓壓感。空間設計暨圖片提供｜分子設計

關鍵
02

暖色調

暖心的紅、橙、黃，
適可即止才賞心悅目

暖色調是很多居家空間特別愛用的顏色，但若大量使用暖色調，反
而容易讓人感到心情浮躁、不安穩，因此針對坪數大小，適度且比
例均衡的運用，才能發揮暖色調予人溫暖色彩特色。

暖色調顧名思義就是冷色調的互補色調，主要顏色分佈於紅、橙、黃之間，此類色彩屬於前進色，給人積極、熱情與溫暖、愉悅的感覺。

人類對於色彩的情緒反應其實多半是經由大自然環境與生活經驗學習而來，紅色的太陽、橙色果實或金黃色的麥田……等景象，隨著這些寓意著氣候、節慶或豐收的生活經歷累積，很自然地讓人一看到這些色調就有著歡欣與享樂的聯想，也會有溫馨、興奮的正向感受。

鮮明暖色調，讓人興奮也易躁動

單純就色彩來看，暖色調是正面且熱忱的色調，對於空間的確有加分效果，而這樣的色彩適不適合大量地使用在居家中，讓生活天天充滿活潑朝氣呢？答案可能讓人有點失望。

由於飽滿、強烈的暖色調具有前進性且屬於刺激感官的色彩，用於商業空間可有效傳達強烈而鮮明的感受，尤其是正紅、鮮黃等原色空間能讓人留下深刻印象。但若是應用於居家型空間，尤其是房間內，過度強烈的暖色因為易產生亢奮感，恐怕會讓長期生活在其間的家人容易躁動且情緒不易安定，讓居家休憩的功能受到影響，應該以重點式或少量點綴式地應用設計為宜。

降低彩度，暖色調也能舒緩心情

希望在居家中使用暖色調，建議可以以單牆或局部設計來應用，或是利用家具、屏風、家飾掛畫，來為空間加入暖色調單品，這些單品可讓畫面有畫龍點睛效果，並能有效調節冷色調或其它色調的色溫，使居家不失活潑與正

以珊瑚粉牆與屏風來界定玄關，由於家具地板多採暖調色系，所以在廚房與大門的深綠色調具平衡冷暖色調的作用。空間設計暨圖片提供｜實適設計

面性。或者利用幾何圖形設計，在大片素色牆面中以局部應用的方式，加入喜歡的暖色調，讓畫面增加活潑的視覺變化。

另外，若想要大面積使用暖色調可以將顏色彩度降低，再搭配明度變化來應用，例如粉櫻、杏桃等粉色系，或近期流行的加了灰調的莫蘭迪粉色調都是不錯的空間暖色調，可讓視覺鬆弛、心情舒緩些，室內的暖度也會大大提升。

暖色調易有膨脹感，小空間須謹慎應用

活潑的暖色系常用於兒童房，可刺激孩子創意與活力。但無論是紅、橙或黃的暖色調都屬前進色，易有膨脹感，因此，建議在小空間要小心使用，尤其用於牆面色彩時，彩度與面積都要注意，否則恐怕會有拉近牆面錯覺，使小空間感覺更小。

在應用技法可與白色或淺灰色作搭配，例如以 1/3 高的暖色調牆面搭配 2/3 白牆的配比，或可將暖色調視為裝飾線條來應用設計，增添空間繽紛效果，但卻不會造成過度的壓迫感。此外，也可以選擇對比的冷色調來平衡暖色調的空間感，例如：小孩房中選定了暖黃色的牆面後再搭配藍色窗簾，讓空間充滿活力感。

· 以往居家空間粉色調多用於小孩房，公共區較少出現，但其實局部使用與聰明配色也可讓粉色牆面很知性。空間設計暨圖片提供｜實適設計

· 在大量木質調的空間中，鮮黃色調的家具成為空間視覺的重點，也為整個家庭生活注入動能與活力感。空間設計暨圖片提供｜ Sophysouldesign 沐光植境

關鍵
03

中 性 色

中性色，
最讓人心情平靜的顏色

雖然沒有三原色給人明確清晰的印象，但中性調不張揚的特色，應用在居家空間裡，反而更具有讓人感到療癒、放鬆的效果，且中性色調，也最能包容且融入不同色彩裡，不僅能獨當一面成為空間主色，也可以是其它顏色稱職的配角。

從字面上的意思來看，中性色指的是不帶有紅、黃、藍三原色任一顏色的色彩，也就是所謂介於純黑與純白之間的所有灰階色調。但也有人認為中性色應是泛指由三種原色以不等比例混和而成的顏色，這種具有色彩的中性色範圍相當廣泛，也有更多溫度與表情，但容易與大地色或冷、暖色調混淆，因此，此處就鎖定以灰階色調來看待中性色。

單純的中性色調能為空間注入寧靜、清雅的特質，讓人置身其中特別覺得療癒，一如許多人在安藤忠雄的建築世界裡獲得撫慰一般，也是最讓人心情平靜的顏色。

中庸色不平庸，縮短色彩間距離

黑白色彩不如彩色鮮豔、搶眼，因此，看慣五光十色的人，常以為循著中庸之道的中性色調只有乏味的單調灰色而已，但其實在 RGB 色碼表中單從黑色到白色之間可以變化出 0 ～ 255 的灰度值，這也意味著至少可演化出 256 種灰色階，若再加上光線、材質等變數，誰能說中性色調不豐富呢？

另外，中性色也是每一個空間中不可或缺的色彩介質，包容性極高的中性色可彌補不同顏色之間的空白，同時讓異色彩之間的落差距離縮小，以便讓所有色彩共融在同一空間裡。甚至為了避免空間有過多的色彩易心生浮躁情緒，不少空間選擇以『留白』的設計來平衡空間感，讓畫面更平和、舒適。

黑灰白共構的中性色空間給人理性印象，除了可以利用黑灰白的比重來調整氛圍，良好採光也能提升空間質感。空間設計暨圖片提供｜分子設計

材質、工法設計，
豐富了中性色的變化性

　　中性色調的空間設計不是譁衆取寵的，而是平靜如湖面的超然感，與其它色調的搭配手法也不盡相同。由於中性色是單一色調，所以設計時特別重視材質的加工手法變化，同一灰色階不同材質，甚至可因加工爲光面、霧面、毛絲面或鑿面等，就能產生出不同的視覺感受，若再搭配光線反射更可讓人感受到其中的設計細節，但是整體畫面來看卻是和諧平靜的，這也是追求簡約、現代設計常用的經典配色技法！

紋理變化、黑灰白比重決定情境氛圍

　　選定以中性色調爲主軸的空間設計，爲了維持空間質感，多半不會在整體設計上加入過多其它色彩元素，但若想避免過於冰冷、沉悶的空間感，可將木皮材質做染灰加工設計，或加入黑、灰、白色調的石材，藉由這些天然建材本身的紋理來增加質感與層次感，同時若再搭配燈光照射來增加更多反光波紋，就能讓空間更生動。

　　另外，黑、灰、白的比例安排也是中性色空間的設計重點，若沒有掌握好可能因空間過亮顯得輕浮、不安定，或太過沉重而有陰鬱感，基本上可以三等份來均分黑、灰、白的比例，然後再依個人喜好做微調，呈現明快或黝灰的中性個性空間；當然也可以利用家具、家飾等單品來做爲點睛品，好讓中性色調空間更出色。

·同爲中性色調，但灰牆與染灰木地板、麻灰布質，都呈現出不同暖度與質感，若再與光結合則有更多層次與表情。空間設計暨圖片提供｜分子設計

·中性色是最讓人感到平靜的色調，也因爲包容度極高，幾乎可與任何色調作搭配，並擔任任何家具的最佳舞台。空間設計暨圖片提供｜實適設計

關鍵
04

大地色

大地色調，
沒有植物也能感受自然

大地色顧名思義就是衍生自大自然的色彩，這類顏色的共通特色，
就是可以讓人快速與大自然做連結，而身處於大地色的空間裡，也
有安定人心，讓人擺脫忙碌、煩躁的情緒，進入更為放鬆狀態。

大地色是指代表土壤、岩石或天然礦物的各種色彩，這類色彩來自土地，也讓人聯想到落葉歸根的溫暖秋意，整個色系充滿一種安定而暖心的質感。

在實質的色彩表現上，除了狹義的棕色、卡其色和米白，在時尚色彩中幾乎年年不缺席的大地色可泛指所有摻入棕色的暖色調，包含有赭紅、赭黃、焦褐、駝棕、奶茶、橄欖綠等色，其共同特色就是溫潤、不突兀，能讓視覺特別療癒紓壓，就算沒有植物也能讓室內充滿自然感。

低調大地色加上光澤就能變奢華

大地色因低調、謙和的特質，也容易讓人覺得過於樸實而不起眼，這樣的色彩是不是不容易表現奢華感的空間呢？若這樣想可能是大錯特錯了！大地色可以藉由絲緞般的亮面質感，或是金屬銅光、鈦金屬、水晶等光澤感的材質表面瞬間讓自己變身，展現出高級奢華感。即使不靠光澤感，飽和度高的大地色具有重量感，可讓空間展現厚實、沉穩的氛圍，這也是烘托奢華氣息的關鍵色調。

另外，若能再加入經典工藝的設計因子，就可讓大地色化身如藤編、皮革、毛毯等手工感家飾配件，讓空間更顯人文味，展現另一種低調奢華風格。

經典大地色也可洋溢時尚味

加入棕色成分的大地色調雖然可讓人很放鬆，但整體看起來頗暗淡，會不會很沒有精神呢？感覺是年長者比較喜愛與合適的空間色調。其實這想法不完全正確，深受時尚圈喜愛的大地色，無異是近年相當火紅的色調，為了讓

———
大地色調的淺麥色牆與木地板圍塑出溫馨氛圍，其中留白的半腰牆設計可讓畫面更顯輕盈，也凸顯家具色彩。空間設計暨圖片提供｜實適設計

大地色調可以有更多變化性，同時也讓更多年齡層的人愛上這迷人的色彩，不僅大地色本身逐漸擴大範圍，如苔蘚綠、珊瑚紅、甚至部分莫蘭迪色系都加入大地色調行列，選擇性相當多元。

此外，想讓大地色配出時尚質感的氛圍，可多採用與大地色對比的灰藍色與薄荷綠，或是直接搭配白色來讓空氣顯得更為清新、明快。

氣度寬廣的大地色，好看也好搭

大地色因為本身氣質溫馴、穩定而和諧，具有強大色彩包容度，可以與之搭配的色調也相當遼闊。若想打安全牌可運用同色系或相近色系配色法，讓空間呈現平靜療癒感，但若彩度太接近比較容易陷入單調、無聊的氛圍，建議可在選定的大地色上下使用白色來做出色塊切割效果，不但可增加設計感，也會讓視覺有更清新效果，避開空間的混沌不明感。

另外，若屋主個性較活潑，也可大膽地以大地色為主調，再搭配冷色調或暖色調的副色彩來豐富空間層次。其中加入輕淺的冷冽色可讓空間顯得精神、活潑些，若與濃郁的暖色系搭配則可更溫暖而優雅，有興趣不妨在這大自然的調色盤中好好著墨設計一番。

· 帶著暖灰調的墨綠有著大地般的包容性，攏和著森林的清新氣息，用在臥室主牆可以鋪陳出靜謐而沉澱的空間感。空間設計暨圖片提供｜實適設計

· 淺可可色牆面讓書桌區更顯寧靜感，而周邊米色窗簾與鼠棕色地板與浴室則以不同質感的大地色鋪陳出溫暖抒放氛圍。空間設計暨圖片提供｜Sophysouldesign 沐光植境

關鍵
05

白色調

好靚！
不光只一種白的白色調

當你不知道喜歡什麼顏色，或不曉得該用什麼顏色時，多數人第一選擇會選白色，因為相較於其它顏色，白色不易出錯，又能快速營造俐落、潔淨形象。但用於居家空間，過多的白會顯得太過冰冷，在搭配顏色時也要慎選，以免對比過於強烈，反而失去白色應有的簡約質感。

從光的角度來解析，白是一種涵括了所有顏色的光，但是若從色相上來看，白則是一種不摻雜任何顏色的無彩色，明度最高、色相為零，是象徵虛無、原始與純潔的色彩。白色在日常生活中出現的頻率極高，或許因此而存在感不高，所以常被以為是一種單調、沒有表情的色彩。

但其實白不只有一種白，且因為廣被應用而發展出各式各樣的白色，常見如暖色調的牛奶白、米白色、亞麻白、象牙白，以及冷色調的雪白、珍珠白、冰山白、霧白等，這些白色相較於純白色顯得更委婉、溫和，反射出來的光影也不那麼僵硬，因此，使用於空間中效果更佳。

白色成為菁英階層的象徵色彩

看似空虛無物的白色實際上是頗具擴張性的色彩，將同一物體漆上白色與黑色後，白色會讓物體有放大感，而黑色則有縮小感，因此，許多人選擇將牆面漆上白色，希望讓空間達到變大效果。

此外，白色也是富裕階級的象徵，這個印象主要來自於十八、十九世紀工業革命後，工人階級因工作時難以保持衣著潔淨而演化出藍領與白領階級之分，最後讓潔白成為菁英、貴族的象徵色調之一。

從建築上來看，白色是一種態度的表現，現代主義大師柯比意就是白色建築的推崇者，近年國際間仍有不少建築師以白色作為主視覺，藉由白色調與幾何元素來強調不矯飾的自然與建築之美，被稱為白派設計風潮，是上流華宅喜歡的風格之一。

白色空間給人潔淨無添加的印象，但也容易過度冷漠，可加入少許木元素或灰階來調整生活溫度。空間設計暨圖片提供｜Sophysouldesign 沐 光 植境

白色調首重去蕪存菁的簡約美學

傳統的空間色彩應用上，白色屬於基礎色，多半使用在空間硬體，至於家具或軟件則負責提供色彩妝點角色，有如在白畫布上彩繪的效果。

不過，也有人對白色情有獨鍾，從家具軟件著手來大幅提升白色比重，藉各種白色來營造更純粹的場景。

這種白色調空間並非專屬於某種風格，無論是北歐風、鄉村風、美式古典、日系無印風、韓系簡約白，都可見到精彩的白色空間案例，而且無論是新穎無暇的白，甜美優雅的白，虛無空靈的白，或是歷經風霜的白，都有讓人動心之處，最重要的設計概念在於去蕪存菁的簡約美學及大量採光的明亮光感，好讓空間維持良好質感與生活感。

從冷、暖調性來決定白色空間設計走向

由於白不只有一種白色，因此，即使白色調空間在規劃時也應先決定主要調性，確定是冷白調或暖白調，除了牆色、地板色與櫃體外，也可運用不同建材質感來微調白色空間的氛圍。

在打造白色空間時，容易被忽略的可能是家電用品的挑選，畢竟生活空間少不了家電的輔助，首先可盡量挑選白色款家電，但市面家電多半為黑色或金屬色，為避免破壞整體感，建議可依空間冷暖調性來選擇家電或飾品色調作跳色設計，也不失為一種亮點。

· 白色不僅不無聊，反而因為純粹感讓空間中的物件獲得聚焦效果，例如高反差的紅色桌凳讓空間充滿藝術性。空間設計暨圖片提供｜分子設計

· 空間的白色與光影密不可分，同時白色也會因不同材質而創造出層次感，讓白色空間不僅只有一種表情。空間設計暨圖片提供｜分子設計

實例示範 |

黑潮藍主牆與木質感家具形成對比

幾近於黑的黑潮藍具有神秘而幽靜的氛圍，是相當具個性的主牆色調，搭配海軍藍的寢裝讓空間更具陽剛氣質，而木質感床架與床邊衣架梯與藍色空間形成對比，恰可調亮畫面、融合出較溫潤的空間感。空間設計暨圖片提供｜實適設計

藍牆白樑互襯有助讓屋高拉升

冷色調的藍色屬於後退色，將藍色主牆與週邊的白色牆搭配一起時，很明顯讓藍色有內縮感，也拉遠主牆距離，讓空間更有寬鬆。另外，不觸頂的藍色主牆留下白色樑線，有拉升屋高效果，也可減少壓迫感。空間設計暨圖片提供｜Sophysouldesign 沐光植境

‧珊瑚粉玄關讓家多點俏皮時尚感

近年來居家用色也越趨大膽、自我，屋主選擇以時尚流行色中頗受歡迎的珊瑚粉做爲玄關的屏風牆色，飽滿的暖色調明確界定格局，同時也散發出熱誠、俏皮的迎賓氛圍，而客廳的灰色主牆則具有降溫效果。空間設計暨圖片提供｜實適設計

‧暖粉 × 冷灰，和諧清新的知性氛圍

你是不是還覺得粉紅色只適合年輕女性呢？其實愈來愈多家庭選擇以暖色調的粉色搭配中性色的灰調，讓空間本身就能散發溫暖與理性的雙重氛圍，也融合出更爲和諧且知性的空間感。空間設計暨圖片提供｜實適設計

中性色調能安定心神、有助睡眠

想要打造出平靜而安穩的睡眠環境，中性色調是不錯的選擇。首先，以灰色牆面搭配麻灰色布質床頭板來鋪陳出有層次感的背景，而煙燻灰調的木地板則與亞麻灰的寢裝上下呼應，也讓黑色立燈與植物成爲生活聚焦點。空間設計暨圖片提供｜分子設計

黑白單品為中性色空間添亮點

如果擔心中性色調空間過於平淡，除了可以運用不同灰色與材質來創造層次感外，燈光也是可以改變氛圍的重要設計手法；另外，黑白反差較強烈的牆面掛畫與幾何織品都具有畫龍點睛的效果，讓中性色空間變明快。空間設計暨圖片提供｜Sophysouldesign 沐光植境

·摩卡棕牆讓木質感居家更優雅

爲了營造屋主喜歡的溫馨氣息,除了選用了木地
板以及木質感牆來營造出優雅的大地色調,同
時在客廳延伸至餐區的主牆色選擇以優雅摩卡棕
色,融入了北歐風的和諧色調中,而白色天花板
與鮮黃色家飾則具有跳色效果。空間設計暨圖片
提供|實適設計

·現代風的白色魅力歷久而不衰

白色住宅是經典現代風格中不可或缺的一環,白
牆、白色格子拉門、染白色的地磚、白沙發家具
等,白色調空間讓眼睛感受到一種無添加的純淨
感,也讓室內的空氣更顯清新、輕盈。空間設計
暨圖片提供|實適設計

POINT 2

漆色之外，
可運用的色彩元素

色彩，是最直接能調整氛圍的利器，而造色主角非漆料莫屬；不論是大面積塗佈或小範圍描紋，都很容易執行與更新；加上漆種開發多元化，風格型塑就更隨心所欲。不過，色彩空間要成功，光靠漆料是不夠的，遍佈在場域中的各式建材，透過深淺紋理或寬窄變化，瞬間讓居宅表情從平板變立體。

放上色感明顯的大、小家具，管你是對比衝突還是平穩和諧，家的個性立刻凸顯。不想過於張揚，那就少量點綴造型家飾跳色吸睛。最後再融入植栽活絡線條與生機。善用四大元素堆疊鋪陳，不論濃妝或淡抹，空間方能散發無窮魅力。

空間設計暨圖片提供｜璞沃空間

元素
01

建材

掌握比例、善用線條
讓配色更立體

空間裡想增添色彩，除了漆色，會被大面積使用的便是建材，除了
色彩，多數建材都擁獨特紋理質感，與單純的漆色相比，能展演出
更豐富多變的視覺效果，相對地在搭配上也需更爲用心，以便過於
繚亂失去焦點。

　　室內設計中常用的建材不脫金屬、木質、玻璃、磚材、石材等五大類別，若要運用建材來增色，可以從「應用面積」、「應用區域」、「應用效果」這三大面向來做思考。

依色牆屬性調整面積與色調

　　對於天頂及立面牆多半採用白色漆料的空間而言，地板區塊通常是最大的色彩來源，因此在規劃之初，最好先思考一下整體氛圍想呈現的效果。例如深褐或黑色系地板雖感覺較為厚重，卻有利製造對比感。若是選配實木色系，除了與家具的協調性高之外，也是最能製造溫馨印象的選擇。而近年流行的北歐風格，則多半會挑選淺色或灰白色調地板，用以創造明亮、休閒的氣氛。

　　若是家中有規劃跳色主牆，則可依據色牆屬性進一步調整色系走向。以藍色系主牆為例：若是走彩度高的寶藍或綠藍，不妨大膽一點選用偏黃或橘的地板色系，可以強化出亮麗的對比視效。若是走彩度低的灰藍牆，搭配灰白、淡木色地板，就能共構出低調又簡約的文青質感。

　　除了大面積鋪陳，分區應用建材不僅實用性高，在視覺表現上也會更生動。舉例來說，磁磚是玄關區最常應用的建材，除了清理容易，花色也種類繁多。針對無採光的非獨立型玄關而言，若沒有在周邊櫃體或壁面做燈光效果補強，那麼淺色、素面，或是配色簡單的磚材會較為合適。若是採光條件優異，或格局可獨立，不妨選擇亂紋花磚或是以增加框邊、製造圖騰等手法規劃，都讓入門印象可以更加生動，甚至成為進入內部空間的設計前導。

地板材藉由帶灰與偏黃的色系落差，搭配兩種不同鋪設手法來提升色彩表現。點綴黑框鐵架回應牆色，亦可增加收納。空間設計暨圖片提供｜爾聲空間設計

· 採用高壓纖維板 (FENIX)，不只本身顏色融入空間配色主題，板材線條造型亦可藉由燈光在凹凸面材上創造出光影層次。空間設計暨圖片提供｜分子設計

· 仿石紋磁磚以暖白底色與下方淺灰幾何紋磚共構明亮，但藉由紋理色彩與黑鐵件清玻隔屏呼應，讓視覺協調性更一致。空間設計暨圖片提供｜爾聲空間設計

熟悉建材特性優化配色表現

以應用效果來說,具有反射性的鏡面或金屬材,若大面積使用,很容易造成感官疲勞,可改以霧面、飾邊、小區塊,或是應用在非視覺主區域等手法來鋪陳,就能增加華貴感同時避免流於俗氣。

玻璃也常會充當隔間牆面,此時可以審度周邊配色,決定保留透明或改以刺激性較低的灰玻、茶玻替代,就能在留存採光跟開闊感的同時確保色彩表現。

深色鐵件因爲輕薄且承重力高,常透過鏤空型開放架,或與門櫃結合,成爲強化收納、增添個性感的配色元素。而黃銅或霧金色鐵件則可透過框架、局部設計等手法點綴,昇華空間裝飾效果。

石材除了本身的底色外,紋理也是色彩來源之一。因此在應用時可先以底色做粗略印象的色系配搭,但藉由紋理的圖案表現,來回應家具、櫃體或牆面的配色,如此一來,就能避免空間元素互搶風采的窘境。

運用建材配色時,除了留意原本的材質特性外,還可以善用線條拼接的小技巧來激化立體感。以相同木材來說,1/2 交丁地板跟人字拼地板,鋪起來的視覺效果就完全不同,這樣的差異也會影響木紋色彩的表現性。配色時不妨多試幾種寬窄、橫直不同比例與方向,或許就能衍生出更獨特的配色結果。

元素 02

家具

掌握樣態與風格，令家具配色更出眾

家具在居家空間裡，不只擔負著使用機能，從外型、材質到顏色，更有定義空間風格，讓空間整體色彩更為和諧，甚至是畫龍點睛功能，因此挑選家具時，可先從風格開始，再進一步選擇款式、顏色與材質，讓居家風格更到位。

談論空間配色時，通常會包含背景色、主體色、點綴色三大部分。背景色指的是天、地、壁上因漆料或是建材(如磁磚或是木皮)所形成的顏色；雖然背景色佔了絕大部分的比例，但因家具、櫃體面積較大又具立體造型，第一眼印象反而容易被家具的主體色吸引。

至於點綴色多半來自家飾品加持，因其性質偏向強化氣氛的裝飾感，與家具的實用性相較，是比較容易被省略的配色元素。既然家具對於空間配色有舉足輕重的影響，在規劃時不妨從家具樣態與空間風格兩個面向來探討，才能更有效去延伸配色的觸角。

樣態差異令配色思維不同

家具的樣態分為固定與活動兩種。固定式的家具如各式收納櫃、臥榻等定著式物件，由於裝修之初就已含納進整體空間設計中，因此配色手法不論是跳色或相近，都會跟背景的牆色或建材紋理息息相關，也可看成本身已經融為背景色一環，因此配色著眼點在於究竟想建立什麼樣的空間印象？以及達成什麼樣的設計任務？例如，用深色木櫃平衡週邊過於清淺的色調，以增添居家溫馨感。

活動式家具的選用，多半是為了迎合空間背景，因此可透過選擇與櫃體木皮相近的色系，或是回應主牆顏色等搭配手法，讓整體視覺更融洽。若是覺得背景顏色過於素雅，也可選擇飽和度較高的家具，或嵌有不鏽鋼、黃銅金之類帶反射效果的家具來吸睛，有效點亮場域活力。

在背景牆色較為輕淺的空間裡，透過人字拼的木紋地板增添視覺變化，再藉由黑色鋼琴與寶藍沙發的併立達到色塊的均衡，而沙發造型的濃厚古典元素，則能快速建立空間優雅法式印象。空間設計暨圖片提供｜爾聲空間設計

· 家具可靈活變動，且可快速確立空間風格，選擇家具時，可從空間風格思考，以極簡用色或素色打底的空間，家具更是提昇空間質感的重要元素。空間設計暨圖片提供｜帷圓 · 定制

· 家具不在多，貴在精，選配時若與空間同色系，此時可利用局部細節來製造亮點，若想做出跳色效果，造型則應呼應風格，以達到整體空間的和諧。空間設計暨圖片提供｜璞沃空間

以不同風格延伸色系搭配圍

除了家具的樣態之外，不同風格空間也有不同的配色原則。例如，現代簡約風的設計核心是 less is more，因此在做風格呈現時會將色彩、照明、原材料簡化到最少的程度，且對物件的質感要求較高。

而黑色、白色、灰色這類無色彩背景色，對於凸顯風格的明快及冷調非常適合。此時大型家具可以選擇黑色或白色皮革，帶有不鏽鋼椅腳或扶手的沙發，或是略帶鏡面反射的茶几，都相當吻合這樣的簡約風格。亦可選用強烈的對比色彩，像是白色配上紅色，都能凸顯現代風的個性。

不同於簡約風的俐落與細膩，工業風強調的是褪去矯飾的自由 style。因此磚牆、水泥、黑鐵、粗獷的木紋都是空間中常見元素。這種強調駁雜、非均質的原貌質樸感，使得家具的色系選擇可以更大膽一些，不論是走紅、藍、黃這類彩度高的路線，抑或者是仿舊、鏽蝕、深木這類色系偏大地色的家具，都能型塑出不羈風貌。

而帶有休閒氣質的北歐風，以白、淺灰、淺木爲空間主色，因此襯上大地色系的布質沙發或是原木桌几，就會讓人無比放鬆。若傾向日式雜貨風格，原木檯面搭配白色板材的雙色配搭，也是深受喜愛的選擇。總之，因爲家具色塊面積較大，在配色時要將線條、材質等細節一併考量進去，才能讓色彩居家更完整。

元素
03

家 飾

藉異色或同彩激亮
設計之美

擔心用色不對，或不會配色，那麼選用簡單且容易取代的家飾，來
爲空間添入色彩。不像家具單價高，佔用面積較小，若是風格更換
或者單純喜新厭舊，可以很快做更換，不過由於於佔用面積不大，
選用跳色、獨特的家飾，才能完全發揮點綴目的。

對於室內空間而言，建材跟大型家具一旦選定之後，除非有破損或劣化，否則更動的機會很小。此時，可機動調整的家飾就成了改變氣氛的最佳幫手。

從軟質的窗簾、抱枕、桌巾、地毯，到硬質的燈具、掛畫、瓶器、擺飾，全都能依照時節、主題、心情做調整更換，不僅是展現個人 sense 的點睛品，也常肩負讓場域亮起來的設計任務。因此，除了選擇對比或相近色系的基礎概念之外，仔細思考物件本身的質地跟線條表現，能否有助提升環境的整體感，才是家飾配色的關鍵重點。

跳色有助強化場域生氣

若仔細拆解空間常見的顏色比例，大約 7 成會落在牆面、天花或地板這些區塊，2 成左右是家具、櫃體，最後 1 成才是家飾。為了讓點綴效果極大化，因此「跳色」是最簡單的表現手法。

舉例來說，不論是日系雜貨風，或是線條更簡潔俐落的北歐風，多半走的是白色搭配木色的手法，家具選擇會以大地系的灰、褐、卡其之類為主。加上回應風格的主配件，像是籐籃、乾燥花這類小東西也都是偏咖啡色系，雖然是讓身心都放鬆的低彩度空間，但相對也容易感覺缺乏活力。

此時若加入些許銘黃、磚紅的色彩元素，就能看起來更有生氣。不想顯得過於溫馨，亦可縮減暖色比例，融入靛藍、草綠之類色系做平衡。簡而言之，以彩度略高但明度低的小色塊散佈式點綴，既可增加畫面躍動感，也不會破壞原有的低調氛圍。

透過融入中性色跟跳色的手法，不但可化解粉色甜膩、增加多彩活潑，亦能擴充飾品顏色選擇的多元性，讓空間表情更豐富。空間設計暨圖片提供｜日居室內設計

相近色利於設計統合

在色彩條件相對單純的空間中，例如素面淡彩牆，或僅有一道跳色主牆，相近色系搭配可用很直觀的方式進行。舉例來說，女孩房漆了淺粉紅牆色，便可搭配一系列深、淺粉紅或粉紫、粉橘的床單、玩偶來製造夢幻印象。若不想過於甜膩，也可融入白、灰甚至是黑這類中性色，以雙色搭配手法調整氛圍。像是布品上的格紋，或是燈罩之類，透過線條或小色塊鋪陳，就能賦予主色調更多個性面貌。

若是基底爲多彩空間，除了可擷取環境色彩作爲飾品顏色表現，例如，掛畫圖案中包含多種色彩；還要進一步衡量配色比例均衡度問題，例如，背景爲多種淺色或莫蘭迪色系，可增加少許含深色框邊或團塊型的配飾沉澱視覺，才能避免顏色互搶鋒頭，或是流於輕浮撩亂的情況出現。

即使採用相同顏色，不同質地的飾品也可能呈現完全迥異的氣氛。例如棉質或針織抱枕，視覺上會增加柔軟、休閒的澎潤感；但若換成是絨布面再點綴亮片或流蘇，就能反轉成高貴奢華印象。

其他硬質的家飾也是如此，平滑面的素色吊燈予人簡約感受，若於燈罩內側融入浮雕線條，立刻增添驚喜感，也會創造出一種低調優雅氣氛。因此在挑選家飾時，除了考量配色外，務必要將質地與線條感一併納入思考，才能真正發揮家飾畫龍點睛的用途。

· 當背景繽紛，可從中擷取部分顏色做家飾顏色搭配。還要衡量配色比例是否均衡，通常可藉由少許深色配飾來增添穩重，也避免空間顯得花俏輕浮。空間設計暨圖片提供｜爾聲空間設計

· 在以白爲主的空間裡，最容易放入過多色彩，不如利用抱枕、織毯、掛畫等家飾，避免色彩過度集中，如此便可達到點綴目的，也讓空間更具層次變化。設計暨圖片提供｜日居室內設計

元素
04

植 栽

掌 握 盆 器 與 色 塊 比 例
讓 綠 植 大 放 彩

一個居家空間完成後，能讓空間更具人氣，且軟化空間硬體線條的，
非植栽莫屬了。除了實質上帶來清新空氣外，亦能為空間增添具生
命力的綠意，並活化空間，而隨著時間變化的生長姿態，也能帶來
耐人尋味的線條層次。

當空間有了建材打底，家具、家飾粉妝，增色的最後一個助力就是植栽了！植物所帶來的療癒感衆所皆知；本身的有機特性，使其色彩與線條表現都更自然且富有變化。但這個選項，對忙碌或不善照養植物的人而言，恐怕會在心中默默打起退堂鼓。別急，只要掌握幾項原則，就能輕鬆跟植物打好關係！

一般而言，適合養在室內的植物多半具有耐陰、耐旱特性，因此以通則來看，陽光漫射的明亮窗邊或是有加頂棚遮蔭的陽台，都很適合這些半日照植物的生長。此外，澆水頻率也不要太高，等土乾再一次澆足是省時又正確的作法。如果可以的話，最好能保持通風，並常將葉面上的灰塵拂拭，植株生長狀況都會更健康。

若是環境條件真的不理想，除了在品項挑選上多留心，也可搭配小燈長照，跟定期搬動做日光浴等手法維持，就能讓綠精靈們替生活加分。

藉盆與葉搭配添色彩、應風格

植栽雖以綠色系爲最大宗，但若仔細區分，品種差異也可能會讓葉脈、斑紋、葉莖等部位產生白、銀灰、紅、黑等色彩差異。此外，對於會開花的品種也可一併將花色列入考慮；善用這些細節去銜接周邊家具、家飾或櫃體的顏色，會讓畫面層次更豐富。

而盆器跟葉型的搭配也是可著力的部分。白釉瓷盆因爲色彩簡單，因此不論是長筒型或是寬口狀，幾乎是百搭不敗的首選。瓦盆雖帶有樸拙質感，但因磚紅色調較爲明顯，若是放在顏色輕淺的空間中，得留意是否會過於搶眼。上述盆器配上時下流行的龜背芋、琴葉榕，不但造型美，各類風格空間的適配性也很高。

玻璃容器適合水栽植物或切花，並能引透背景色，讓物、景更爲合一。而白釉瓷盆搭配性非常高，搭配闊葉植物，就能輕鬆點綴綠彩。空間設計暨圖片提供｜爾聲空間設計

若想要來點南國風情，像是帶有尖刺葉尾的圓扁蒲葵，或是細葉長莖的雪佛里棕櫚都很合適，在盆外加套一個藤編或草編容器，休閒感與度假風立刻滿室洋溢。玻璃容器的輕透適合搭配水栽或切花類植物，可藉由麻繩纏繞、串接，抑或是搭配墊片之類方式來增加佈置感。

較高，除了上述提及的龜背芋、琴葉榕外，像是天堂鳥、印度榕也是推薦品項。

除了點狀式佈置，如果你是綠手指，亦可考慮採用面積較大的植生牆或是塊狀區域規劃；除了能藉由不同植物做立面造型強化，也可透過單一品種營造數大美感，也會更凸顯色塊視效。

錯落擺放增加畫面躍動感

用植栽彰顯美感的另一個訣竅，就是高低錯落的擺放方式。可嘗試用「高架懸垂→檯面擺放→落地強化」來鋪陳縱向視覺。一來植物品種的應用性會更多元化，二來錯落式的點綴會增加躍動感，讓整體畫面更活潑。

懸吊植物通常高於眼睛位置，很容易看見盆器底部，因此選擇常春藤、綠之鈴這類有蔓藤特性的植物，覆蓋效果比較好。檯面擺放通常是在觸手可及的主活動區域，葉面適中的黃金葛、合果芋，線條挺拔的虎尾蘭或是耐旱又小巧的多肉植物都是不錯選擇。落地植栽通常較大，所以選擇闊葉面的品種存在感

· 藉由高、中、低三種不同層次的擺放，會讓空間表情更活潑。而點狀、面狀的線條差異，也會在配色時產生影響，帶來不同視覺感受。空間設計暨圖片提供｜爾聲空間設計

· 除了在立面打造植生牆，亦可藉由半高方槽或天花來增添生機。區域式鋪陳雖能夠有效凸顯色塊，但因面積較大，最好要協調周遭配色才可避免繚亂。空間設計暨圖片提供｜爾聲空間設計

實例示範 |

金屬、石材搭粗紋激盪剛性風格

小空間以靛藍跳色主牆結合黑鐵手工梯來確保通透、凸顯粗獷。卡其色石材既是電視底座也是坐臥平台。搭配大片石紋磚打亮立面，再用不銹鋼板做框景整合廚具。透過各式建材的堆疊，色感與風格更能明確塑型。空間設計暨圖片提供｜爾聲空間設計

以建材畫界，藉配色連結設計

分區應用建材能兼具實用性並強化設計感。玄關區以幾何圖案花磚鋪陳，創造
活潑印象，並以灰綠牆色搭配芥黃層板做設計前導，回應內部色彩配置。空間
設計暨圖片提供｜日居室內設計

層次錯落讓綠意更躍動

公領域以藍沙發、木背牆與綴飾淺藍馬賽克的白色工作檯,將各機能區自然切
分出來。再透過綠植高懸、平擺與落地的層次搭配,連結了大自然色彩與意象,
讓家更舒適迷人。空間設計暨圖片提供|爾聲空間設計

以輕透瓶彩烘托深綠主色

上窄下寬的錐形玻璃瓶身，以相近於廚具的灰藍微微帶出色感差異。而散狀的
枝葉讓俐落的硬體線條得以軟化，搭配橘粉花朵回應銅金把手的暖色，無需張
揚顯色，場域魅力便施然流露。空間設計暨圖片提供｜爾聲空間設計

———

·大地色包容特性形成和諧畫面

介於書房與客廳之間的沙發,選擇皮質棕色調,
因為大地色系最百搭,而且能包容各種顏色,當
視覺從書房過渡到客廳時,可透過暖色調的棕緩
和視覺,即便空間裡有多種顏色,也能不顯突兀
相當和諧。空間設計暨圖片提 供 | 分寸設計

·圓潤外型柔和空間感

除了顏色,家具外型對於空間風格與調性也有著
重要影響,在這個極簡,且用色單純的空間,刻
意選用帶圓弧線條造型的家具,藉此有效軟化空
間線條,帶來柔和氛圍,更因材質以木、布面為
主,讓空間溫度也得以提昇。空間設計暨圖片提
供 | 寓子設計

#COLOR PALETTE IDEAS FOR YOUR HOME.

CHAPTER 2

家的配色，你可以這樣做

POINT 1

從專家思維
了解空間配色

每個居家空間一定會用到顏色,除了最常見的牆色之外,也經常會選用帶有色彩元素的家具、家飾,來為空間增添一點顏色,然而當這些色彩全部聚集在一個空間裡,如何互相搭配,才會讓整體看起來不失去平衡且具諧調性?甚至能互相呼應,為空間帶來更為豐富的層次效果?

與一般人相比,最不容易做好的居家配色,室內設計師則往往可以運用得自由、隨興,除了是職業關係,但更多的是從過往的居家設計經驗得知,如何善用顏色,為空間創造出優勢。想知道其中有什麼密技?不如先從設計師們如何解析、思考色彩開始。

空間設計暨圖片提供|無一設計

CHAPTER 2‧家的配色,你可以這樣做

每個家
都有自己的特別色

文｜Fran Cheng　空間設計暨圖片提供｜Sophysouldesign 沐光植境

色彩能夠豐富空間的內涵，賦予設計者更多設計手法與變化，但回歸空間色彩的取決關鍵還是在屋主本身想要的氛圍及色彩偏好，設計師則是綜合主客觀條件來爲空間做出最好安排。

——Sophysouldesign 沐光植境 設計總監｜湯程雯

運用手工感的藍色漆牆搭配灰泥色與木質地板，共構出人文與自然並存的空間感，懷舊色調更使室內外無距離地融合。

色彩原本就是一種很主觀的個人美學，加上想應用於空間中需要考量的因素更多，因此，屋主其實很難自行判斷空間的用色，甚至許多專業設計師若無相當色彩敏銳度，也難以精準選定適合的空間配色。然而，沐光植境空間設計作品中卻能運用多元色調，讓每一個家擁有屋主自己合適的溫度與色調，擁有多年經驗的沐光植境空間設計的設計總監湯程雯便不吝分享，如何協助業主找出專屬的屋主特別色的技巧。

決定色彩與材質的時間點

一般屋主除非對於色彩有強烈感應，或本身從事設計相關職業，否則討論過程多半會是從風格或客戶喜歡的空間圖片開始。因此，設計總監湯程雯認

爲：「在實務上，決定色彩多半不會在第一時間。以我自己的設計經驗，通常是先討論平面設計、畫草圖設計，大概在第三階段出 3D 圖時，才會將色彩與材質做初次定案，這中間的溝通過程，也能夠讓設計師有更多時間來理解屋主個人喜好與對空間的感覺。」

採光條件影響用色效果

湯程雯進一步說明，與其要屋主說出自己想要的空間顏色，還不如請他們提出喜歡的空間氛圍或照片，設計師再從明快、溫暖、沉靜、活潑……等不同空間調性來找出屋主的色彩偏好，當然這工作需要有長期的用色經驗跟相當敏銳度，否則可能會走許多冤枉路。

另外她也提醒，採光對於空間用色影響相當大，採光條件佳的空間用色上相對自由度高、不易出錯；但採光條件差的空間則要更加小心注意，避免因誤用色彩而使空間感變更差，例如在陰暗的空間中若使用莫蘭迪牆色、再搭配深色木地板或木作，恐怕會影響空間寬敞度與舒適性，並不是只要是喜歡的顏色都能任意使用。

由個人特質找到自己的色彩 DNA

就像時裝秀，空間也會每年推出時尚流行色，但是湯程雯認爲，住宅空間的色彩還是應從個人特質中來尋求，而不是從時尚色彩中去盲從，以免讓家過了幾年後容易有退流行的感覺。

此外，想爲空間增加色彩元素，除了可由色相、彩度與明度做變化之外，在沐光植境設計的空間中也看到有特殊漆色的作品，這種手感的牆面除傳達色彩本身的情緒外，又多了些人文氣息與藝術性，可讓設計的語彙更豐富而有層次。不過，也要提醒屋主特殊塗法要找到有經驗的師傅，而且施作面積有最低限制，費用也會相對拉高些，想嘗試的屋主要先有心理準備。

· 臥室以木質的大地色調爲主題，搭配染灰處理後使整體空間的色澤更顯穩定沉著，營造出寧靜的休憩氛圍。

· 以白色爲主色調的小孩房，呈現出屋主喜愛的明快感，床頭半高的灰粉漆牆則使空間洋溢小女生的夢幻與稚嫩感。

用「不設限」
敲開精彩配色大門

文｜黃珮瑜　空間設計暨圖片提供｜爾聲空間設計

色彩對我來說是「一成不變的反向」，既如同人生一般複雜、難以預測，亦是透過混合、搭配，打開設計新視野的最佳幫手！

——爾聲空間 建築師 / 創辦人｜陳榮聲、林欣璇

配色需考慮各區域銜接感，適時點綴些許反射元素，或以框邊、質地紋理強化，皆可創造出不同視效，空間樣貌也會更有趣。

　　顏色，在爾聲的作品中如同呼吸一般自然存在，有時甚至繽紛地超乎預期讓人驚艷。問他如何在事前做色彩計畫？陳榮聲設計師表示，屋主通常會拿喜歡的案例、畫作，或是旅宿過的飯店給他做參考依據，再以此做相關色系的推敲跟延伸。有趣的是，很多人因為對某些色彩有刻板印象，所以會產生排除使用的預設；但他認為色彩美醜與否，

重點在於搭配的平衡度，只要用對地方、比例恰當，醜小鴨也會變美天鵝！

　　舉例來說，一幅畫作中有紅、藍、綠三個顏色，若屋主不喜歡綠色，他會先以紅、藍做討論重點，但溝通過程中引導他去思考畫面讓他覺得美的原因。經過拆解，常會赫然發現少了綠色，畫面反而不精采了，進而轉為接受局部牆

面點綴，或是用抱枕、植栽等軟性搭配來強化整體性。此外，也會多準備幾種不同的配色模式做參考；人類是視覺動物，愈是具體愈有助於想像成品，接受度自然就會增加。

由於色彩感受性較主觀，加上深色漆大面積使用會有色彩變淺，淺色漆卻反而加深的情況；因此選色時，可以將色票立著看以模擬牆色；也可以在工地現場靠窗處，直接請師傅做1×1m大面積試色親自感受確認，都是可以增加成功率的技巧。

不拘慣性、化劣為優的反向思考

陳設計師說，或許是因為他和太太兩人久居國外的養成背景，這種對色彩潛移默化的浸潤早已深入設計骨髓之中，其實覺得沒有什麼搭配準則可遵循，甚至會刻意挑戰原有做法；但他很重視「客製化」這件事，所以作品色彩才會與眾不同。

舉例來說，深綠是一般住家較少大面積使用的顏色，他卻將整個餐廚區用橄欖綠做跳色，但在中島側面鋪上玫瑰金鍍鈦板；當從客廳望向廚房時，就會赫然發現橄欖綠製造了深邃使景深延展；玫瑰金鍍鈦板不僅回應了廳區帶點古樸的原木色調，同時又藉由反射緩解了前、後深色櫃體的厚重，達到令人眼睛一亮效果。

而面對色彩接受度沒有這麼大的屋主時，爾聲也會善用冷暖對比或是局部跳色讓空間顯露出獨特性。像是樑柱明顯、屋高又不夠的案例，乾脆捨棄包樑，從玄關天花開始就塗佈奶茶色的水性漆，再局部點綴淺灰在鞋櫃跟餐區牆面，營造出柔和卻又不失俏皮的活潑。

除了因為需要深度客製的工作慣性，讓爾聲無法歸納出非常具體的教戰手則外，他認為設計也是反映內在渴望的圓夢歷程。很多屋主追求的都是一種獨特性，而所謂的獨特，也就代表不曾經驗跟想像；唯有先透過大膽配色的過程，才有可能激發創意，成就意料之外的更好樣貌。

· 即使是不希望太過花俏的空間，也可以藉由局部跳色增添活潑，只要抓穩1-2種重點色彩做深淺搭配，就能帶出和諧感。

· 大膽玩色時要將周邊色彩比例考慮進來，用大面積的素凸顯局部的花，再進一步考量材質特色，才能有好的效果。

喜歡才重要，
大膽用色吧！

文｜Fran Cheng　空間設計暨圖片提供｜實適設計

空間設計必須要能滿足各種生活機能與情境規劃，如何將這些五花八門的需求與必要物件做完美融合，色彩是極佳的整合媒介，而且屋主的個人品味與喜好，也可以透過專屬的空間色彩計畫來作表現。

——實適設計 設計師｜王靜雯

運用局部性的粉色、鮮黃與天藍等色彩來營造繽紛氣息，再以白色與灰色作為穩定空間的中間色，呈現明亮、活力空間感。

色彩，這看似無重量的設計元素，卻能在空間中發揮偌大影響力。對此，實適空間設計師王靜雯指出：「我們發現可以透過色彩去整合整體的空間調性，讓地板、牆壁或是櫃體的材質，以及燈具、家具，甚至是抱枕等軟件不再是個別分散的，而是藉由色彩的配置可以達到融合、平衡，甚至可以去凸顯出特別的焦點。」

多次討論定調出最愛色調

屋主在談設計時其實不見得會直接表明自己喜歡的空間色彩，因此，該如何幫屋主找出適合的空間色調呢？從過往累積的空間設計經驗中，王靜雯早已找出自己的一套方法：「我們可以先由屋主喜好的地板色調、櫃體材質中去做選擇，第一輪先搭配出適合的基礎色

彩，接著第二輪再密切地跟屋主做討論與篩選，慢慢就可將面積占比較大的牆面、地板、櫃體、大型家具等大致定調下來，最後，會與屋主至現場空間做第三輪的實地討論，進行最後篩選並且做最終色彩定案。」這樣的反覆確認、來回試探才能更精確調出屋主喜歡的空間色調。

重要色調需在現場真實呈現

雖然討論色彩的過程已相當謹慎，但是，為了避免彼此口語理解上的誤差，實適設計在設計初期就會先以 3D 圖面模擬出空間色彩配置，這些彩色的圖面或氛圍的示意圖，對於對空間想像力較不敏銳的屋主來說，可更有效地協助他們理解色彩與空間的感覺，並加速決定空間色彩的步調。

另外，針對重要色彩的確認與溝通，王靜雯建議一定要在案例現場做討論，由於許多建材廠商都會提供色票或建材色號等，討論當下可直接將這些色彩樣本在未來預計塗佈的牆面上測試，並在自然日光下進行顏色的選擇，同時可搭配預計使用的地板樣板或櫃體樣板等，讓現場的光與空間用色得以更真實呈現。

換色容易，別擔心會退流行

隨著空間設計日趨個性化，用色也愈來愈多元而時尚，但對於一住就是多年的住宅型裝修設計，若選用了當時流行的時尚色調，會不會擔心容易有明顯的時代感，而且在住了一兩年後就怕有退流行的過時感。對此，王靜雯笑笑地回答：「這不是甚麼大難題，不管是顏色退流行，或是過一段時日屋主口味改變了，都可以很輕鬆地更換其它適合搭配的顏色，重要的是這是屋主目前喜歡的色彩就可以了，想換就可以換也是塗料的優點啊！」

· 煙燻灰色的木地板搭配鼠尾草綠的牆櫃，混和出微復古的時尚質感，而灰色沙發與電視牆木矮櫃都成了提升質感的焦點。

· 大膽以墨綠牆面來和餐桌、吧檯等木家具形成對比，再以黑色線條的勾勒與白牆的中介，打造強烈個性感的空間。

建立配色邏輯
讓色彩回歸居住本質

文｜陳佳歆　空間設計暨圖片提供｜方構制作空間設計

家是放鬆休息的地方，色彩不要過於複雜，當三、四種色彩要同時搭配時，就要留意色彩之間的比例以及材質上的運用，太多高彩度的顏色、線條或者色塊，容易讓人煩燥不安，色彩搭配仍要回到居住的本質，才可以長住久居。

——方構制作空間設計 設計師｜彭任民

單純只用黑、灰、白色更要留意深淺的精準度和協調度掌握，利用家具適度加入其他顏色空間會更有焦點。

空間設計除了材質、軟裝及造型能決定風格之外，色彩對於室內氛圍有不可思議的影響力，但也因為色彩的千變萬化，更要有邏輯的去選擇和運用，才能呈現屬於每個空間的獨特風格。

擅長於現代及北歐風格的方構制作空間設計彭任民設計師，從他多年的設計經驗中歸納出幾個空間配色的要點，

分享如何用最簡單的方式為空間作出完善的色彩計畫。

大面積色彩選擇低彩度色彩

有些屋主偏好明亮的顏色，但高彩度色彩個性較鮮明活潑，如果大面積使用時間久了容易看膩，也比較不容易搭配，如果大面積的地方想要使用色彩，

建議選擇對視覺侵略性較不強烈的低彩度色彩，這樣和其他顏色搭配時也比較好處理。拿北歐空間來說，他們常用帶灰階的色彩，例如，灰綠、灰藍、灰粉等較爲柔和不會刺激眼睛的顏色，因此給人舒服放鬆的空間感。

鮮明跳色小面積搭配更吸睛

高彩度色彩雖然不適合大範圍使用，但採用跳色搭配卻能讓空間更爲活潑有特色；處理高彩度色塊時可以選擇區塊小、量體小的地方，對空間的影響性就沒那麼強烈，然後讓色彩延著動線以散佈的方式點綴其中，當人行走在空間時色彩就會帶領視覺貫穿，整體空間色調也較能協調一致，而不會集中在某一個區塊。

跳色進階搭配用相近色處理家飾

由於相近顏色能讓空間色感比較協調，因此當空間基底色較單純的時候，想要有更多層次變化時，可以在不同材質上使用相近色處理。彭任民設計師進一步說明，假設在灰階空間裡選擇檸檬黃作爲局部跳色，吊燈、抱枕等軟件可以搭配橘黃色，或者調整明度選擇深黃、淺黃搭配，作出深淺色的層次變化，這也是一種簡單的色彩變化搭配法。

善用不同材質增加色彩層次質感

除了用相近色處理色彩，同一種顏色想呈現更細膩的色彩調性，可善用材質來作變化，彭任民設計師舉例，如果一個空間大膽的採用極深的灰色和黑色，如果沒有層次會感覺一團黑，給人過於沉重的壓迫感，但運用鏽鐵黑、磁磚黑、織毯黑、皮革黑等多元材質各自的紋理調整黑色深淺，反而會非常吸睛。但全室使用單色的空間比較沒有層次感，容易感覺平淡，加入一點點顏色能給予空間重心。

基底顏色維持黑、灰、白萬無一失

無色彩的黑、灰、白是最沒有侵略性，也是最容易和其他色彩融合的顏色，彭任民設計師建議，當對空間色彩沒有概念時，選用這三個顏色作爲基礎底色，放任何主色進去都不容易失敗，再依循前述的搭配要點，選擇喜歡的主色，跳色比例不要太大，大面積採用低彩度等簡單、容易掌握的配色要訣，整體色彩搭配起來就不會有太大問題。

· 利用不同材質使用跳色搭配，各自紋理讓視覺上有不同層次感，整體色感也更爲協調。

· 運用黑、灰、白爲空間打底，再利用點狀分佈手法，在扶手、抱枕等小地方加入明亮的色彩，整個空間就會感覺很有活力。

抓出空間的主軸色，
展開居家個性

文｜鍾侑玲　空間設計暨圖片提供｜甘納設計

色彩，永遠是空間中最吸引人的元素之一，也能最直接且快速地
傳遞出空間氛圍和屋主的個人品味。所以在居家色彩編排上，我
們沒有標準答案，而是在深入了解每一位屋主喜好與需求之後，
通過色彩的語言建立起各自的空間形象。

——甘納設計執行總監 設計師｜林仕杰

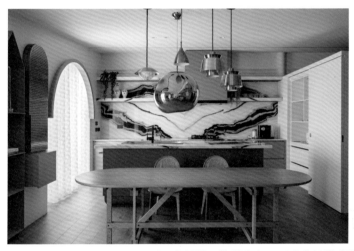

空間規劃以餐廳和廚具為主軸，運用珊瑚橘搭配熊貓白大理石跳出視覺重點，再
以延展出金色、木色等色彩語彙，烘托隨性的浪漫情懷。

曾經有專家分享，色彩可以增加生活的幸福感，尤其室內設計的「色彩計畫」不只是搭建風格的一大重點，通過色彩更能觸發情緒感受，在無形中影響著居住者的心理感受。

然而，面對這些美麗多變的色彩元素，該如何拿捏才恰當？這次就讓甘納設計執行總監林仕杰帶領大家，以「色彩」為分析重點，看看如何善用色彩元素彰顯空間氛圍和獨特個性！

別急著配色，請先抓出視覺主軸

室內設計的目的是為了「人」，那麼，空間的色彩計畫也應該從人為出發點，根據屋主的需求和喜好，為每個空間找出專屬的「主軸色」。這個色彩的

面積不一定要大，它可以一整面牆，亦或是一小塊端景，卻是獨一無二的靈魂所在！

決定了空間的主軸色，就可以延展出完整色彩計畫了。透過色階和光譜延伸或對比，設計師一般會建議採用「同色系漸層」或「強烈的對比色」做配搭，沒有一定公式或制式化的準則，而是取決於屋主期望的氛圍和色彩偏好，營造截然不同的空間感受。

空間尺度影響色彩的包容度

雖然經常聽人說：「一個空間不要超過三個顏色。」但林仕杰分享，其實空間坪數愈大，可以容納的色彩元素也相對變多，反之亦然。所以在思考色彩和諧性之前，他首先會檢視空間坪數大小，調整配色邏輯。

舉例來說，50、60坪居家中，其公私領域界分就會比較寬廣，公區域往往也相對寬敞，這時候的配色就可以多彩一點，再抓出1、2種主色調延伸至私領域設計，讓居家更有整體性，又不會太過單調。

而小坪數的空間太過繁雜的用色則容易造成視覺壓迫，此時不妨簡化線條和色彩運用，讓硬體背景保持簡約，從家具家飾或軟件佈置加入鮮明的色彩元素，去跳出視覺亮點，既保有設計的靈活性，也能放大空間感受。

異材質堆疊，豐富色彩紋理

最後就是材質的選擇，尤其在大面積使用同一色系的規劃時，容易顯得單調呆版，此時不妨運用異材質的堆疊，皮革、布料、磁磚、木作、鏡面、鐵件等，豐富材質觸感和色彩層次的變化性。

林仕杰提醒，由於不同建材的工序不同，加上石材和磁磚材質本身的選擇性就比較侷限，並且一旦施工後就比較難再改動了，所以在選擇上，他建議以優先挑選選定磁磚和石材，再來透過木作、油漆、家具、燈飾、軟件等，循序漸進地構築完整的空間意象。

· 淺木色的小坪數居家，選用相近色階漸層做搭配，烘托平穩舒適的生活感，卻在沙發坐墊運用明亮湖水藍，巧妙跳出視覺亮點。

· 輕工業風格的空間中，採用柔和的青藤綠為背景，混合低飽和度的米裸色，弱化鐵件的粗獷感，反而映襯出恬淡雅致的生活氛圍。

經典黑、白、灰
也有各自的個性！

文 | 鍾侑玲　空間設計暨圖片提供 | 庵設計

黑、白、灰都是居家設計常用的經典色，給人簡單又百搭的印象。其實，它們也有著豐富多變性，以及冷暖色調的差異。而設計師的專業就是從這些看似「無彩」的顏色中，尋找出它們的「色彩表情」，烘托不同空間氛圍。

——庵設計 設計師｜陳秉洋

居家大量使用鐵件進行收納、隔屏和家具規劃，於是在色彩上也選用偏冷的灰色調性，讓整體色感更加和諧，烘托個性化風格又不失細節質感。

「色彩是定義空間氛圍的要素，即便是一樣的材質或造型，染上不同色彩就能傳遞出不一樣的風格質感，像是從新古典變成鄉村風、或從美式氛圍變成都會時尚感。

即使一向被視爲無彩色的黑、白、灰，只要攤開色票就會發現，光是白色就有數十種，偏冷的白、偏暖的白都爲空間帶來截然不同的視覺感受，稍有偏差就可能導致整體設計出現偏差或突兀感，但這一點也是許多人甚至是設計師容易忽略的配色細節。

這次就讓擅長調和黑、白、灰打造不同風格場景的陳秉洋設計師，彙整多年設計經驗，分享看似百搭卻有豐富變化的黑白灰，在使用上有哪些要點。

冷與暖，白色也有不同溫度

在拍照、攝影或出版時，經常應用到「色溫」的概念，其實居家裝修也一樣。不只是燈光設計，每一種顏色也帶有不同的色彩溫度，如：黃色的活力自信、藍色的沉靜清冷等，透過彩度和明度的調整，烘托多變生活氛圍。就白色而言，傳統建商常用的玫瑰白、百合白，顏色較黃、視覺上不夠清爽；但現代建商愛用的特白、純白，卻白得過於死板、清冷，甚至當陽光反射還會透出一絲藍色調，容易缺乏生活應有的溫暖感受。

因此在居家設計中，陳秉洋更建議使用帶有一點點米黃的白，例如：Dulux 得利塗料的 I 白、虹牌 450 水泥漆的 1051 白等，一樣清新又百搭，還能為空間增添醇厚暖意。

不同層次的灰，堆疊生活質感

相同邏輯也適用在灰色調，有些灰色帶有暖色調、有些灰色偏冷色調。陳秉洋分享，一開始還不熟悉其中差異時，就曾在暖白色空間中誤用冷調灰，導致視覺上隱隱有種不和諧感。

所以現在就算是單純的黑白灰三色漸層，陳秉洋都會仔細斟酌它們的色感溫度和比例分配，確保色彩氛圍的一致性。同時，也經常配搭不同材質，像是石材、鐵件、烤漆、磁磚，或仿灰泥的塗料（如：樂土），於色彩之上，疊加不同材質觸感和溫度，豐富設計語彙。

回歸設計主軸，色彩應該相互襯托

不論色彩如何多變，設計最終仍要回歸到生活的主軸，讓色彩輔助空間氛圍的呈現，而不是相互爭搶視覺焦點。譬如，如果空間都是比較明亮色彩、淺色系，就可以添加一些深色調進行襯托，當作穩定空間的元素；如果現有配色一深一淺，則不妨運用穩重的鐵灰色當作平衡色，讓整體配色更加和諧。

當然，他也曾遇過黑色控的屋主，在整間臥房使用大量灰黑色做鋪陳，這時就能用淺色少量勾勒造型重點，也減緩深色調可能產生的沉重感。

· 運用溫潤木紋為空間打底，加入清爽的天空藍搭配一樣偏冷的純白色，在營造休閒氛圍之餘，也為空間注入一絲沁涼之感。

· 米白色背牆刻意刷出手作質感，搭配同樣為暖色調的芥黃色主人椅、木紋家具和地板，營造溫馨細膩的北歐風格。

POINT 2

10 個好上手
實作技巧

色彩是第一視覺語言，進入空間一般人會先被整體色彩吸引，才注意到造型的存在，千變萬化的配色賦予居家多變個性，也強化空間畫面的感染力，而居家色彩來源，除了牆面的塗料色，還有建材的材料色、家具的材質色及家飾的軟裝色等配置堆疊而來。

從空間美學的角度來看，居家色彩的配色表現顯得相當重要，雖然色彩喜好相當個人，但因為色彩會影響心理、情緒和行動，而居家又是一個講求舒適的生活空間，因此若能掌握配色技巧，就更能將空間當作一件展現創意的作品，運用創新思維跳脫對空間既定觀點，空間也會變更加有趣，對現代空間來說是一件值得嘗試的事。

空間設計暨圖片提供｜樂湁設計

CHAPTER 2・家的配色，你可以這樣做

技巧

01

配色不出錯‧ 掌握三色黃金配色比例

　　空間配色除了留意顏色之間的相容性，顏色要使用到多大面積的「配比」也很重要，即使使用相同種顏色，只要色彩的比例不同就會呈現出完全不同的印象。

　　一般來說，同一個空間中建議不要使用超過三色為原則，更明確地說可以將三種色彩分為：基底色、主色、裝飾色，基底色使用在佔比最大的天花板、牆面，主色可以使用在局部牆面、櫃體、沙發等大量體來凸顯空間印象，而裝飾色則可以運用在抱枕、家飾、配件等小地方作為空間亮點。

　　這三種色彩的配比呈現最好能符合 6：3：1 的比例，也就是鋪陳空間的背景色佔 60％，形塑風格的主題色佔 30％，作為點綴的強調色佔 10％，但這也並非絕對，同時也要考慮到所使用的色彩，適當的微調比例同樣能描繪出空間個性。

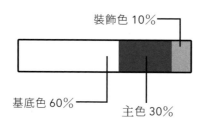

裝飾色 10％

基底色 60％　主色 30％

―――

‧空間配色的呈現最好符合 6：3：1 比例，幫助整體視覺保持適當平衡。

技巧

02

生動活潑的互補色搭配法

　　從色相環的位置來看，顏色相距120 度到 180 度之間的兩種顏色稱爲對比色，色相差距愈大對比愈大，距離180 度的顏色對比最爲強烈，因此又稱爲互補色，通常會是紅、橙、黃暖色調與綠、藍、紫冷色調相互搭配。互補色色感鮮明搶眼，在冷暖色對比之下會加強顏色呈現的視覺效果，使紅色感覺更明亮，藍色顯得更濃郁。雖然互補色運用在空間中能帶出活潑感，但若面積分配不當容易不協調，因此要格外留意以下幾點：

1. 面積比例：
互補色運用在居家中要避免 1：1 的配比，因爲對比強烈的色彩如果等比面積呈現，容易讓人感覺到有壓迫感，建議在選定一個主色後互補的色彩以點綴方式處理，更能突顯空間特色。

2. 明度彩度：
在互補色加入白色、灰色或者黑色調整明度或彩度，使色彩較爲柔和也可以減緩互補色過於強烈效果。

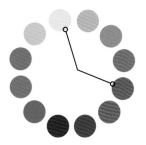

120 度對比色

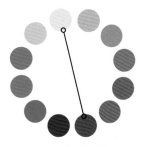

180 度互補色

‧ 互補色、對比色在顏色飽和度很高的情況下，可以表現活潑的空間氣氛。

技巧

03

進階色彩變化的
三種顏色配色法

　　雖然同一個空間中建議不使用超過三種顏色，除了基底色之外如果想在空間上玩一些色彩，仍可以運用「補色分割配色」（Split-complementary colors）或者「三等分配色法」（Triadic colors）來作色彩上的變化。

　　補色分割配色的概念是結合「互補色」和「相近色」的搭配法，簡單的說就是將主色搭配兩種相近的顏色，例如主色為黃色，可以搭配藍紫色和紅紫色兩個相近色。這種配色方法有互補色的鮮明魅力，但因為相似色的調和，使視覺反差較柔和不會過於強烈。

　　三等分配色法就是在色相環彼此等距位置的三種顏色，如所示等邊三角形端點上的顏色，這樣的搭配可以呈現較現代感的空間，又不會有互補色的衝突感。但三種顏色運用在空間上仍然要留意色彩之間的比例，選一個顏色作為亮點，再用其他顏色適當襯托。掌握這樣的基本原則，就能建立鮮明的空間層次。

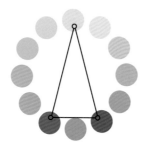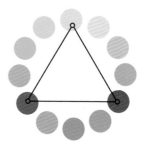

─

· 三角形配色法 - 在色相環中，使用三個等距的顏色適合表現：理性、自由、現代感。

技巧
04

最安全不出錯的相近色配法

相近色就是指色相環上任意三至五個相鄰的顏色組合，配色以 2 ～ 3 色間呈現 30 ～ 60 度作爲搭配的方式，這種顏色搭配法不容易出錯，同時能爲空間作出色彩變化而不至於太突兀。因爲相近色色彩對比低，在視覺上具有一致性，色調之間可以給予人安定協調感。

相近色組合裡，黃綠或藍綠的配色有清新、理性感覺，是帶來寧靜的顏色配搭，橘紅或橘黃組合有明朗和溫暖氛圍，是具有活力的顏色配搭，而紫藍或紫紅的配色則爲深邃靜謐，是較優雅的顏色配搭。

在選擇相近色搭配時可以從主色延伸鄰近的兩種顏色，進而產生色彩之間的和諧感，否則空間容易失去色彩焦點，例如以藍綠色主導，就可以利用綠色或藍色來作爲輔助配色，另外，使用相近色時也可調整不同的明度及飽和度，從中創造出細膩的空間畫面。

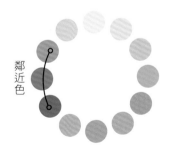

鄰近色

· 相近色在視覺上雖然屬不同色系，但色彩本身都帶著相鄰顏色，因搭配起來十分契合。

技巧

05

和諧單純的單色漸層配色法

　　使用單色彩能夠呈現簡潔、俐落的空間感，且能產生空間放大感。但全室使用同一個顏色，可能會過於單調乏味或者過於壓迫，必須掌握色彩和軟裝佈置之間的層次與平衡感。

　　因此在以單一色彩爲基礎之下，可以搭配不同深淺的漸層顏色來變化，而漸層色可分爲淺色漸層（tint）：加入不同比例的白色，顏色逐漸變淡；深色漸層（shade）：加入不同比例的黑色，顏色逐漸變深；以及色調（tone）：

加入灰色讓彩度變暗，色感較爲柔和。

　　較安全的單色配色技巧，是先將最淺的顏色使用在佔比較大的牆面，再利用大型家具帶入較深的顏色，最後再以裝飾配件搭配中間色。同時爲避免單一色系太單調，必須借由各種材質紋理表現空間趣味性。

深　———————————→　淺

· 在同一個色相的色調和色度作搭配變化，讓空間有著和諧美感。

技巧
06

善用光線和材質
給予黑灰白層次

　　白色、灰色和黑色因爲缺乏色度和
飽和度因此稱爲無彩色，是能表達強烈
個性和簡約感的色彩，看似簡單的三種
顏色運用於居家空間時，更需要拿捏色
調比例、精準度和協調度，否則容易讓
空間過於冷冽。

　　無彩色運用在居家中建議讓白色或
淺灰色作爲空間基底，堆疊上清新的白
色，再運用櫃體或者家具適度加入個性

黑，一方面能創造出視覺層次，也能減
少空間的壓迫感。爲了提高無色彩居家
的生活感，建議善用各種材質，像是絨
質、皮革、編織，都能讓無色彩的空間
多了輕鬆氛圍，而木質、大理石、水泥
或者特殊漆等則能突顯個性。

　　然而無論是材質紋理或者立體設
計，都需要借助光線的輔佐才能創造出
質感，除了利用燈光設計表現空間輪
廓，格局規劃上也要增加自然光源的範
圍，讓空間隨著日光變化表現黑灰白的
光影魅力。

純粹使用黑灰白色搭配空
間，仔細拿捏顏色之間的
比例就能創造出獨特的空
間感。空間設計暨圖片提
供｜方構制作空間設計

技巧

/

07

運用自然素材打造不乏味的白色空間

充滿朝氣且明亮的白色，對色彩的包容性極高，它能夠不喧賓奪主的襯托其他色彩，而且白色能大量反射光線讓空間產生開闊感，同時帶給人簡潔輕鬆的感覺，因此白色在居家裝修上能創造出無限的可能性，是安全不出錯的顏色，但如果全然使用白色一不小心就會讓空間過於呆板無趣。

若想要維持白色的單純色感不顯單調空洞，可以從油漆的選擇或者搭配的材質來著手。其實白不只一種，有帶黃色的奶油白、帶粉色的玫瑰白、帶米色的象牙白等，這些都是適合營造柔和居家氛圍的暖白色，若是帶灰色或藍色的冷白色，就比較適合工作空間使用，可以嘗試運用不同呈度的白色來改變空間。

而給人簡潔寧靜的無印風格，可說是白色空間的代表，除了選擇暖白色系作為基底色，再搭配木質、礦石、樹林等自然色彩的家具、家飾，就能呼應白色給人純淨自然的印象而不突兀。

· （上）白色空間搭配淺木色家具是極具親和力的空間配色法，加上大量自然採光能營造出自然愜意的居家感受。空間設計暨圖片提供｜方構制作空間設計

· （下）以白色鋪陳的居家空間傳遞出令人愉悅的氛圍，局部立面漆上柔和的藍綠色，互相襯托出空間的清新活力。空間設計暨圖片提供｜帷圓 · 定制

技巧

08

依照色彩個性創造空間樣貌

居家每個空間都有各自的角色，為了營造最適切的空間氛圍，可以根據色彩特性選用不同顏色。客廳面積通常最大，是進入空間後給人主要印象的空間，也是作為其他空間用色的延伸，因此選色上除了選用較為柔和的中性色大範圍營造氣氛，再來就要依照屋主喜好、個性慎選主色，才能展現出空間調性。

廚房和餐廳講究的是簡潔感，建議選用配色簡單、明度較高的色彩，可以採用少量暖色調點綴，提升整體活力增進食慾。臥房是休息的空間，配色重點是要令人感到舒服放鬆，搭配低彩度、低明度色彩有助穩定情緒和睡眠。

另外，兒童房通常包含了睡眠和學習功能，因此顏色選擇雖然可以較有趣活潑，但兒童的眼睛較敏感，不建議大面積使用彩度太高的顏色，像鮮黃色、大紅色這類顏色容易造成小朋友躁動不安，同時要考量臥房可能陪伴小朋友的年齡區間，如果使用粉色調可適當加入灰色，較為溫暖耐看。

· （上）兒童房適合清爽明亮的感覺，因此以白為基底，加入鮮豔色塊提昇活潑朝氣，做為裝飾的畫作和擺飾，也以亮色為主，充分展現空間活力。空間設計暨圖片提供｜分寸設計

· （下）客廳採用帶灰的中性色調與深色大理石材給人沉穩得體的大器空間感，沙發搭配不具侵略性的暖色可以避免感官上的疲勞，在背牆的襯托下也強化出空間特色。空間設計暨圖片提供｜帷圓 · 定制

技巧

09

深色調用對位置
營造空間景深

　　所有色彩中加入黑色的深色調，是最多人害怕不敢嘗試的顏色，因為擔心會有壓迫感，其實只要掌握搭配比例、位置及色彩，深色不但能幫助加深空間景深，同時能呈現截然不同的空間調性。

　　低明度色彩個性較鮮明具有內縮的特性，若大面積使用的確會讓空間過度壓縮，因此深色調與其他高明度色彩要適當的搭配，透過明暗度對比的概念引導視覺產生比較，而使空間感受有所差異就能創造深邃的空間感。像是天花板採高明度的淺色，立面及地面採用低明度深色來提升空間高度，反之若想要擴張空間寬度，則立面採用高明度，天花及地面搭配較低明度的暗色系，無形之中放大空間感，或者將深色運用在動線底端，讓人有走道更長的錯覺。

　　深色調不妨搭配中性色調合，像是灰藍色、灰綠色、褐灰色等，較能營造柔和的空間感，也比單純深色顯得沉靜耐看。在居家空間中，深色調仍建議以重點式的概念搭配在局部，如果要整體使用，範圍建議不要超過 50%，才能避免讓空間感覺沉重昏暗。

·（上）整體空間仍以淺色為基底，廊道牆面則漆上搶眼的霧霾藍面與高明度色家具搭配，透過視覺對比創造深邃的景深效果。空間設計暨圖片提供｜帷圓 · 定制

·（下）雖是大面積的黑，但透過漆料的亮面、霧面變化，便可製造出層次感，周圍以淺色與多種材質與之互搭，製造出色彩對比的同時，又不讓人感到突兀。空間設計暨圖片提供｜爾聲空間設計

技巧 / 10

根據空間風格
選擇呼應配色

完整的空間風格絕對要適合的色彩來襯托，根據空間風格選擇呼應配色，空間的調性就會大為提升，這裡以四種較常見的空間風格配色，從基底色、主色和裝飾色來舉例不同的配色技巧。

現代風格：簡約俐落是現代風格主要特色，正因為如此，更需要運用色彩來襯托質感，黑、白、灰作為基底色能展現出現代風格調性，主色加入帶灰色的中性色調，可以調和冷調的色感也能表現出明快理性的氛圍。

北歐風格：北歐風崇尚簡潔、貼近自然的色感，多以白為基底色，但主色色相變化更加活潑，晨霧藍、杏桃粉、湖水綠等低彩度、低明度的莫蘭迪色，都帶給人寒帶國家乾淨明朗的清新感。

工業風格：延伸原始材料的色感就能呈現工業風的粗獷、樸實，可以用水泥灰作為主色，再用鏽鐵褐、磚燒紅、貨櫃藍等高飽和明亮色彩帶動視覺。

美式風格：美式風格有著不拘小節的休閒感，通常在顏色選擇上會運用偏暖的色調作為背景色，再穿插較為飽和的棕紅、橄欖綠等自然色，加上皮革、實木等厚實的家具顏色，營造懷舊氣息。

───

· 美式風格雖然線條俐落，但在用色上多偏向溫馨的大自然色系，刻意選用帶灰的綠，不只連結自然印像，更有安定空間目的。空間設計暨圖片提供｜寓子設計

· 經典的黑、白、灰是打造現代風格的基本色彩，簡約之中大膽加入正藍色，巧妙為空間注入當代藝術氣息。空間設計暨圖片提供｜方構制作空間設計

CHAPTER 3

不怕用色，家就要這樣配色

CASE 01

清新鼠尾草綠，
打造森林系美宅

空間設計暨圖片提供｜實適空間設計　文｜Fran Cheng

使用顏色 鼠尾草綠

· （左）**風格，就從這雙人沙發說起**

設計團隊從屋主先前已認定的客廳主沙發開始發想，將設計重點放在為屋主打造出能放入這些家具的最佳生活背景，完全量身訂製的空間色調，更讓屋主個人氣質與品味能淋漓盡致地展現。

· （下）**文藝色調襯托手作質感家飾**

玄關地板以灰色板岩磚鋪陳出落塵區，並將玄關主牆與鞋櫃漆以鼠尾草綠的空間主色，讓入門空間洋溢濃濃文藝氣息。而天花板的白色吊燈與牆面洞洞板掛架也增添手作質感，讓人印象深刻。

每個家都該有自己的故事，每個空間的設計歷程自然也不盡相同，而這個家的故事就要從屋主當初一眼看上的這款 Distrikt 煙燻橡木雙人沙發說起。對生活頗有想法的屋主，原本就已找定了幾件家具，因此，設計團隊便循著這個方向，確立出白牆與煙燻灰木地板的空間基調，接著以客廳的鼠尾草綠色牆櫃為空間主色，圍塑出充滿文青感的森林系氛圍，讓整個家與屋主個人氣質完全契合。

除了空間色調外，家具單品也發揮畫龍點睛的效果，以絨灰色布質搭配胡桃木骨架的主沙發散發樸拙與輕復古風質感，而電視牆的壁掛架、木矮櫃及薄荷綠玻璃門櫃則是呈現相似色調，但不同彩度與明度，這些單品重複地為空間增加層次感，也讓整體氛圍更增細節與豐富性。此外，設計師還將臥室房門改為拱門造型，搭配白色牆面與隨興擺設的麥稈色雙層櫃更顯文青氣息，同時點綴出女性屋主的溫暖特質。

· （左上）**煙燻灰調與白牆的浪漫組合**
客廳的煙燻橡木雙人沙發是整個風格設計與色調發想的源起，搭配白牆、拱門、風格家飾等浪漫元素更能凸顯屋主獨特美學，而煙燻灰木地板運用人字拼貼手法，也展現細膩懷舊的人文感。

· （左下）**微復古家具色染出文青氣質**
喜歡烘焙、攝影與手作乾燥花等興趣的女屋主，對於居家的物件堅持個人品味，如電視牆面的壁掛層架、矮木櫃與薄荷綠玻璃門櫃等，均帶著微復古色調，而帶點灰調的鼠尾草綠色牆則恰可烘托出獨特文青氣質。

· （右上）**用鼠尾草色牆微調空間亮度**
為了凸顯煙燻灰調家具與空間質感，設計上選擇以鼠尾草綠色調的板材來設計櫥櫃門牆，也為空間鋪陳出更清新的氣息，讓較顯沉重的家具顏色擺脫陰霾感，同時也增添點時尚味道。

· （右下）**淺灰透視牆營造輕盈空間感**
開放的白色廚房除了可讓喜歡烘焙的女屋主能擁有更寬敞的工作空間外，也藉此引光入室；另外，餐桌旁的牆面採用淡淡淺灰牆色搭配霧面玻璃的設計，用色彩與材質變化來打造具空氣感的輕盈畫面。

CASE 02

駕多彩之舟航向
幸福未來

空間設計暨圖片提供｜爾聲空間設計　文｜黃珮瑜

使用顏色 藕茶色　◯ 白色　 淺藍色　 淺灰色

· （左）**弧形線條讓船舶意象更明確**
公共區特別採用多彩的水磨石結合海島型木地板，既可劃分區域界限，也呼
應天花弧形結構。薄荷綠沙發的淺淡色調不僅和右側輕食區顏色相輝映，也
將後方色調鮮豔的家具及音響烘托得更出色。

· （下）**用白讓藕茶玄關明亮不撩亂**
藕茶色格柵櫃與臥榻區藍椅墊共構了沉穩又亮麗的入門印象，中介的白色門
板，有效平衡了櫃體與地面色塊的豐富線條，讓玄關能夠繽紛卻不撩亂。右
側洞洞板既是電視牆，也可避免從客廳望向玄關時色彩太多的問題。

　　家庭宛如一艘大船涵蓋了所需機能
外，亦是成員們的避風港；因此發想時
除以船舶為核心意象，同時善用綠樹及
充沛採光等優勢，轉譯為大船靠港處充
滿蓊鬱綠意，讓身與心都能獲得滋養與
安歇。

　　男主人喜歡微奢華風格，但女主人
卻偏好莫蘭迪色調、純淨明亮的北歐
style。於是玄關區先以藕茶色格柵門與
抽屜櫃，創造知性優雅印象；整個公領
域則以實木加弧形線條圈圍船身，構築
出航行在色彩海洋的童趣感。接著沿窗
設置收納滿點的臥榻區，藉此讓出更多
活動空間，以滿足屋主好客與注重親子
互動的需求。

　　廳區右側先以深灰懸空櫃，滿足男
主人酒類及跑車模型展示需求。輕食區
則以淺藍餐櫃，回應女主人預定的薄荷
綠沙發，同時銜接臥榻灰藍椅墊色彩。
馬卡龍色系的甜美，因有了大理石、霧
金櫃、紅水槽等亮麗細節的鋪陳，反而
顯得精緻華貴，不僅統合雙方喜好，也
讓空間顯得獨特又舒適。

· （左上）**多彩餐區強化誘人飲食氛圍**
　餐廳區採用顏色鮮豔的紅、灰單椅，回應牆面的 Beosound Shape 六角音響色系。輕食區則以淺藍對應沙發與臥榻椅墊顏色，並大膽混用黑、金、紅等色彩做綴飾，輔以大理石質感加乘，型塑高雅精緻氣氛。

· （左下）**淺灰與木色打造靜心氛圍**
　半開放書房有別於公領域的繽紛，以原木色可收闔書桌、書櫃配襯淺灰牆色，創造機能強大卻溫馨沉穩的學習空間。白色多角書櫃雖是沿用的家具，卻意外與壁掛音響達成呼應效果；稜角線條也讓白牆層次更豐富。

· （右上）**實木地板強化設計完整度**
　船舶是核心設計概念，因此在面積最大的地坪選用單價較高卻質感自然的海島型地板舖陳；偏黃帶褐的色調與紋理，恰與窗外綠意融合，卻又不因過深或偏紅帶來滯悶，讓多彩家具能夠並存卻協調。

· （右下）**以深灰銜接語彙、穩定視覺**
　深灰櫃量體大又鄰近深色大門，因此透過懸空加打燈手法減少壓迫。此區前後櫃體造型、色系雖大相逕庭，卻因深灰能銜接大理石紋色彩，反而創造出異中求同的趣味，同時又達到穩定視覺目的。

空間設計暨圖片提供｜
方構制作空間設計
文｜陳佳歆

CASE 03

絕配胭脂紅與石墨黑，
拿捏比例讓 LV 質感在我家

使用顏色 胭脂紅 石墨黑 ◯ 白色

- （左）**斟酌色彩比例協調空間調性**
  以胭脂紅和墨黑爲主色的空間，仍以白色作爲基底色，符合 6：3：1 的黃金配色比例，維持整體協調的色感。

- （下）**增加自然原木材質提升空間溫度**
  用原木書架與木質地坪提高自然色比例，同時也能延續暗紅色調性，實現屋主喜歡簡單溫暖的居家。

家是個人化的訂製空間，反應出居住者的個性樣貌，胭脂紅和石墨黑配色讓人對屋主的輪廓有了具體想像。這對情侶喜歡低調簡單而溫暖的空間，且希望心愛的狗狗可在新家自由奔跑，從居住生活需求考量，只保留兩房將其餘空間打開，給予公共空間最好的探光及視野。無阻礙的多重迴游動線，不只狗狗，連居住者也能悠遊其中，和家有最密切的互動。

呼應屋主喜歡低彩度顏色，選擇胭脂紅作爲主色，用石墨黑作了最和諧的襯托，打造雅緻內斂的空間調性。採用了暗色調空間，更仔細配置色彩之間的分佈比例，空間仍有高比例留白，讓黑色在整體空間中沉穩而不至於太過沉重灰暗，暗紅色則輕巧運用在家具及配件上，在空間中就能有強烈存在感，最後再帶入溫潤的木頭與皮革材質呼應暗紅色質感，完整營造溫暖調性。

· （左上）**幾合色塊打造空間現代感**
在俐落線條中填入黑白及暗紅色的低彩度色彩，讓空間在幾合色塊中組合成簡約的現代風格。

· （左下）**深色色塊讓開放空間沉穩內斂**
適當在開放空間運用具有強烈存在感的黑色，營造出較成熟理性的空間調性，廚房中島置入石材紋理成爲黑色的緩衝區豐富了層次變化。

· （右上）**用家飾家具點綴鮮明主色**
將搶眼的主色運用在茶几、門把、吊燈等家飾配件，以局部方式分佈在空間中，無形之中串連起整體色感。

CASE **04**

懷舊色調‧藍得
收藏的蒔花人生

空間設計暨圖片提供│Sophysouldesign 沐光植境
文│Fran Cheng

使用顏色 藍綠色 ● 藍黑色

· （左）**暖色調家具為空間注入靈魂**

雖然因為採用屋主喜歡的藍綠特殊漆牆搭配灰色空間地板，讓整體空間呈現較暗冷氛圍，但因加入棕色皮革沙發、舊木餐桌與鑄鐵質感的吧檯等暖色調家具，使空間色感達到平衡而飽滿的狀態。

· （下）**以低明度色彩營造懷舊感**

無論是冷調藍色牆面、大地色調家具，或中性的灰色調牆面、地板，都是刻意選用明度較低的做法來搭配，可藉此營造出懷舊的復古氛圍，同時天花板再以白色鋪陳，避免太沉悶的感覺。

　　熱愛花藝的女屋主，不僅喜歡在家蒔花弄草，也是業餘花藝老師，而對於住宅更有她自己獨鍾的復古藍調。屋主在開始與設計師討論時就主動提供一張舊照片，而這正是在客、餐廳兩面特殊漆牆的設計原點，也是這藍調中古屋的決定性設計。

　　為了實現屋主喜歡的懷舊空間感，除在開放格局的公共區特別選用特殊漆作出手工染筆觸的牆面，並在客廳以樂土主牆搭配人字貼木地板，營造人文氛圍；另外，餐廳吧檯邊有一面藍黑色黑板漆牆與特殊漆藍牆相呼應，周邊中性的灰泥色牆與地板讓屋主可在此盡情創作、享受美食、細品愜意人生。整個硬體空間依循以簡單大器的色塊應用，再搭配點狀的棕色皮革沙發、舊木餐桌，以及使用類鑄鐵板材打造而成的吧檯底座，透過調性飽滿、質感多元的暖色調家飾讓空間堆疊出復古氣息外，也讓屋主最喜歡的花草植物成為整個空間的亮點。

· （左上）**木地板人字紋理爲空間提味**
除了在主牆以藍染牆面與灰色樂土牆的拼接，爲室內醞釀寧靜與復古質感外，棕色人字拼貼木
地板則爲畫面增加人文感，讓色彩與設計細節融會出更有味道的空間美感。

· （左下）**以特殊塗料揣摩手工染藍牆**
設計團隊透過屋主喜歡的舊照片，用特殊塗料揣摩設計出手工染的藍調牆面，不僅讓空間充滿
屋主個人韻味，也爲屋主喜歡的花意空間提供最佳展演舞台。

· （右上）**如時光洗鍊的鏽鐵感吧檯**
在略顯冷硬的空間中，適度地加入佔比不小的大地色家具，同時特別選擇類似生鏽鑄鐵質感的
板材來設計吧檯底座，旣可呼應家具色調，如時光洗鍊的質感也讓復古氣息更加濃郁。

CASE 05

灰、粉、綠激活
夢想個性宅

空間設計暨圖片提供｜日居空間設計　文｜黃珮瑜

使用顏色 灰色 粉色 ● 綠色

· （左）**斜牆順動線，綠牆添景深**

將客房入口斜切，不僅能解決背牆過於冗長的問題，同時也能拓寬走道保留更多餐區面積。和室綠牆讓空間顯得更有個性，同時也有助延展景深，讓視覺層次更豐富。

· （下）**玄關以磚花與牆色熱鬧迎賓**

玄關地坪斜切能夠讓入口顯得更大器，搭配色彩繽紛的拼花地磚，以及雙色搭配的牆色，讓人一進屋就能擁有歡快愉悅的好心情。

面對希望空間不落俗套兼具展現個人特色的屋主，設計師透過斜向動線與三彩共融提出完美解方。玄關地坪斜切讓入口區域變得開闊，同時也避免了橫切所造成的走道面積浪費。此手法同樣運用在客房入口牆面；不但更精準地將和室與客房整併在同一水平軸上，也爭取到更寬敞的餐區空間。

玄關處利用幾何亂紋的多色磁磚，昭示空間不羈特性，公領域則以上灰下粉的雙色搭配回應女主人喜好，不會過於柔美卻又充滿玩色樂趣。同時在和室、客房內部及廚房牆面，選配了飽和度高的綠；讓原本優雅平穩的氛圍，變得更加亮眼大方，也吻合男主人個性化的品味需求。

為了創造微奢華的飯店質感；除了在主臥鋪陳灰色壁布牆，還少量點綴絨布面的粉、綠單椅提升貴氣；就連衛浴空間也加入帶有珍珠光感的貝殼馬賽克磚，讓住家不僅是住家，還是能夠日日享受的渡假勝地。

· （左上）**用綠牆滿足多重設計目的**
和室綠牆面積雖然不大，但因位置遙對主臥入口是視線落點，又能與沙發後的雙色牆共構多彩視覺，同時肩負定調區域範疇、展現空間個性等多重目的，是設計手法中一景多用的最佳示範。

· （左下）**用布質元素強化精緻感**
主臥牆面以灰色壁布搭配粉色絨布面單椅增加柔和感，此外，還透過黃銅色的金屬椅腳、鏡框和燈具等細節提升貴氣，也創造出度假飯店的精緻氛圍。

· （右頁左）**烤玻牆回應設計、放大空間**
廚房牆面用綠色的烤漆玻璃鋪陳，不僅清理容易，且與和室綠牆語彙相呼應。由於餐區與廚房呈直線路徑，透過灰色短牆截斷動線冗長感並爭取餐桌定位，烤玻牆也延展了深邃感，讓空間有放大視效。

· （右頁右）**藍白色＋貝殼磚營造飯店風**
主臥衛浴加高淋浴區牆面，同時滿足乾濕分離和保留浴缸目的。藍、白色系搭配十分清爽，並加入帶有珍珠光感的貝殼馬賽克磚，創造置身飯店般的微奢華感。

CASE 06

圓弧線條融入減法配色，
給孩子新世代的美感空間

空間設計暨圖片提供｜璞沃空間
文｜陳佳歆

使用顏色 橘色 ◯ 白色

· （左）**低彩配色傳遞空間靜謐氛圍**
輕盈線條描繪出現代簡約風格，自然材質與純粹色彩在開闊公領域混搭出寧靜氛圍，讓家成為孩子安心玩耍的遊樂園。

· （下）**複合材質與相近色感豐富空間表情**
玄關與公領域天花板利用滑順與粗曠作分界，地坪以水泥與木質區隔，色感相近的自然色在視覺裡輕混搭，讓看似簡單的角落充滿細節。

　　或許有人會說，這又是另一個白色居家，但它的白的確有點不同，頂樓位置給予空間明亮採光，加上圓角修飾轉折的線條，都讓這個白色空間多了一份柔軟溫潤。為了讓學齡前的孩子有個安全寬敞的生活場域，在形隨機能概念下構思空間所需機能，將凝聚家人情感的公共區域極大化，以多角斜面造型界定出玄關、客廳、遊戲區以及書牆。

　　風格以現代簡約為設計基礎，天花板及壁面以純淨白為底色，點綴低飽和度的咖啡、墨綠復古色系搭配，定義出簡約不喧華的空間調性，其他則以材質色感呼應整體氛圍；玄關區天花板以油漆滾輪處理出粗獷質地，地坪則從自平水泥轉換為木質，讓空間在連續動線下從豐富多樣材質中感受空間的轉換，其中再以水磨石與大理石帶入自然的灰色階，轉個身，在專為小朋友特別規劃的開放式遊戲區中加入愛馬仕橘，明亮的飽和色為家增添了暖陽般愉悅心情。

· （左上）**復古墨綠家飾抓住視覺重點**
天花板及壁面以純淨白爲底色，運用咖啡及復古墨綠色系家具、家飾點綴色彩層次，中島及牆
面則以不同的灰階石材輕巧地爲簡約空間加入紋理。

· （左下）**曲線取代直角讓光影柔化理性白**
弧型修飾天花板轉折處，柔和的線條映照出溫潤光影，使得白色鋪陳的空間不會過於理性，感
覺更爲溫暖放鬆。

· （右上）**運用明亮暖色改變空間氣氛**
整體用圓角修飾讓空間減少銳利感，多角斜面造型界定出客廳、遊戲區，並且在簡約的白灰色
階之中加入一點鮮明的橘，遊戲區因此顯得更爲活潑討喜。

CASE 07

豐富而不紊亂，
精采混搭精緻美宅

空間設計暨圖片提供｜執見設計室內裝修工程有限公司　文｜喃喃

使用顏色　 藍綠色　 琥珀色

· （左）**花磚紋理展現細膩層次**
從玄關到廚房的這道牆面，拼貼上藍綠色花磚，藉此凸顯空間視覺重心，雖然磚面紋理略顯低調，卻巧妙讓色彩不流於平面，尤其透過光線更顯活潑生動。

· （下）**粗獷底材包容多樣元素**
天花、地板、牆面採用水泥，利用建材質感和原始顏色，來融和空間多種元素，玄關頂天櫥櫃，同樣延續灰色調，藉由融入背景色，收整空間線條，讓空間看起來豐富卻不凌亂。

在這個空間裡，以往最容易遇到的色彩接受度不是難題，最大的困難反而是如何將屋主喜歡的各種強烈色彩，完美且和諧地彼此共存，同時還必須顧及居家空間應有的放鬆、紓壓功能。

為了避免元素過多顯得撩亂，設計師選擇使用水泥來做空間背景色，不只因為水泥的灰，可擁有最大包容度，來容納各種不同色彩，同時也是藉由水泥這種材質，來賦予空間樸實質感與獨特個性。空間做好打底之後，接著便以屋主偏好的藍綠色做鋪陳，並以不同材質讓藍綠色分佈在不同區域，如此便能不離藍綠色主調，同時又展現豐富層次。

而與藍綠色有著同樣重要地位的便是一進門的琥珀色櫃牆，雖然僅出現在一道牆面上，但以大面積做呈現，奠定空間主視覺位置。最後再以金屬、石材以及絨布元素的家具、家飾點綴，展現奢華中不失精緻的空間質感調性。

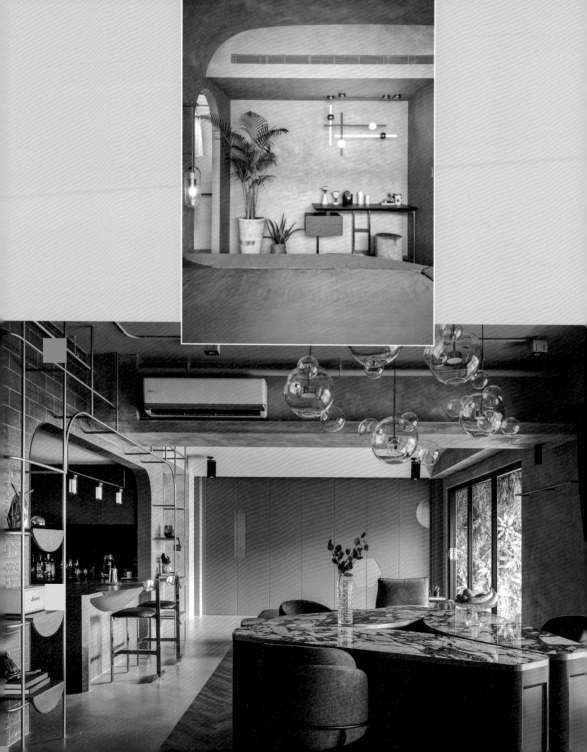

- （左上）**植入少量奢華元素提昇精緻感**
  空間裡置入大量金屬、絨布等元素，對比做為基底的粗糙材質，可展現沉穩低調奢華質感，來到私領域，只在化妝區重點加入奢華元素，相較其餘空間的簡約留白，更能感受到細膩層次安排。

- （左下）**絕佳採光提昇色彩明亮度**
  由於有一整面落地窗，即便使用的是低彩度鮮豔色彩，也不用擔心空間變得陰暗，反而大膽將整面櫃牆，塗刷上琥珀色，適度為偏冷調的空間帶來溫度，也成為不容忽視的空間焦點。

- （右上）**運用建材紋理，活潑空間視覺**
  不同於色彩強烈的玄關區，用餐區和書房以畫作、木質櫃，呼應並延伸木地板色調，成為這個區域的主色調，藍綠色則以家具低調點綴，藉此凸顯有著美麗花紋的石材桌面。

CASE 08

大膽跳色，玩味生活的
繽紛色彩變化

空間設計暨圖片提供｜甘納設計　文｜鍾侑玲

使用顏色 ● 奶油杏色

· （左）**大膽用色突顯空間個性**

運用地坪材質界定客餐廳和玄關範圍，綠色櫥櫃、三色六角磚、多彩餐椅、橘色抱枕、噴鈦金屬造型隔間，豐富的色彩元素彼此碰撞又和諧共處，造就了這個家獨一無二的生活場景。

· （下）**奶油杏爲生活注入柔和暖意**

不同於餐廚空間的飽滿配色，客廳則刻意留白，消彌視覺上的壓迫感。電視牆的圓弧倒角柔化邊角的突兀感，低飽和度的奶油杏色平衡了白色基調的冷度，於明亮日光的暈染下，賦予空間溫柔暖意和內斂質感。

46 坪的混搭風居家，不走黑白灰的三色哲學或低彩度的安全配色，喜歡明亮氛圍的男屋主，一開始就提出要求希望空間的配色更多元化一些，呈現活潑撞色風格。

設計從玄關的地坪揭開序幕，磚紅、青藍、純白色的霧面六角磚，自入口一路延伸至廚房，盡頭端景結束在一座飽和度極高的綠色廚櫃前，形成鮮明對比，配搭上天藍色的廚具和噴墨大理石的映襯，大方展露男屋主大膽而強烈的時尚個性。

轉過隔屏走進客廳，設計風格相對素雅了許多。溫潤的木地坪和大地色系訂製組合沙發，能夠隨著需求自由組合排列，再加入橘色抱枕跳色，營造沉穩放鬆的氛圍又不會太過呆板無趣。

沙發背牆整合收納並簡化線版語彙，勾勒淨白優雅的藝術端景；與之相對的電視牆則以奶油杏色渲染內斂氛圍，優雅弧線造型配搭簡約花紋壁紙修飾，共同營造雅緻而雋永的居宅設計。

· （左上）**巧用隔屏區隔風格和生活動線**
根據屋主的生活動線，運用長虹玻璃和鍍鈦金屬分隔餐廳和廚房，賦予每個空間各自風格和色彩，卻又互不干擾。

· （左下）**深淺色系的拼組，彰顯色彩層次**
沙發延續電視牆的大地色系，選用橘紅色、褐色、咖啡色等堆疊深淺色彩的層次，結合皮革、絨布和不織布做異材質混搭，讓空間更具有獨特性。

· （右頁左）**經典金妝點空間時尚氛圍**
利用三色六角磚開啟居家的故事，與廚具的綠色形成強烈對比；再以長虹玻璃讓光影產生折射變化，增添空間層次感；最後運用鍍鈦金屬修飾隔間和拉門邊框，為空間注入微奢華的時尚質感。

· （右頁右）**裸色調營造精緻無壓的臥房**
主臥房延續著客廳的恬靜氛圍，床頭背牆以輕柔的裸色調和灰黑色的木紋拼接，烘托簡約而精緻的設計韻味。

CASE **09**

50 度灰 · 黑與白
的光舞美感

空間設計暨圖片提供｜分子設計　文｜Fran Cheng

使用顏色 炭灰色 灰色

· （左）**流動光感賦予空間自由度**

雙向與三面落地窗的超優質採光格局，給予黑色空間最佳設計基石，實現屋主喜歡的黑、灰、白色單一色調簡約空間，搭配大面拋光石英磚地坪，洗鍊光影讓室內更輕快優雅。

· （下）**流線木紋披上墨黑更形優雅**

以溫潤木質的玄關端景櫃作爲入門起點，炭灰色木牆櫃則有如迎賓般地在左右形成歡迎隊形，另外，恰如其分的白色家飾、家具也因不同受光程度而映襯出灰色表情，客廳單椅更堅守崗位地等待主人歸來。

　　因爲不喜歡瑣碎的生活場景與設計元素，因此，設計團隊開始與屋主溝通時就以黑到白之間的灰階單一色調作爲色彩主題，同時搭配低彩度的家具、家飾作爲空間介質，藉以型塑出屋主喜歡的優雅生活風格。

　　此案例因爲公共區採開放設計，加上擁有 L 型雙向採光及三面大落地窗的通透格局條件，讓設計師在規劃時可大膽地以黑色電視牆及黑色書牆作爲主視覺，再與白色紗簾構織成對比及黑白各半的經典畫面。而爲了呼應單身女性屋主的個人氣質，特意在質感上運用染深色的實木皮與石材來增加紋理，天花板也以白色線板與黑色壁板的細節設計，成功勾勒出婉約的細節感，進而提升都會氣息。

　　進入私領域，將原本四房格局變更爲較寬綽的三房，並延續客、餐廳的中性色調設計，藉由淺灰木皮、灰牆與灰玻等同色調、異材質的互襯，映托出和睦美感，也展現出 50 度灰的黑白絕對世界。

· （左上）**無彩色調攜手共構和睦美感**
開放格局中，書房後方黑色背景牆，攜手餐廳的灰調石材牆面，與客廳黑色主牆遙相呼應，同時位居於公領域之中的白色家具、軟件圍塑出包覆感的空間氛圍，共構出和睦的雅緻美感。

· （左下）**單純黑白細訴 50 度灰的故事**
在天生麗質的好採光中，以染深色的實木皮與白紗簾作為電視牆主軸，透過純淨的黑白色彩來展現出優雅而簡約的單色畫面，而且以黑白各半的比例融合出 50 度灰的生活場景與故事。

· （右頁左）**灰牆與櫥櫃延續寧靜空間感**
次臥未來可做書房或臥房，風格延續染灰木皮壁櫃與灰色牆面的寧靜色調，特別的是在空間上端留有一段白牆，可減緩小空間的壓迫感，讓空間有拉升與略為放大的感覺。

· （右頁右）**建材取代色彩給予豐富表情**
主臥室在灰調的牆面之外，加入了灰色玻璃牆、黑色鐵件元素，給予空間通透質感外，也能有減輕空間重量效果；而簡約卻有纖維感的直立簾與櫃牆木紋則能增加單色調空間表情。

CASE **10**

綠、橘牆統整機能、
激化藝術美

空間設計暨圖片提供｜無一設計　文｜黃珮瑜

使用顏色 橘色　◯ 白色　 墨綠色　 海藻綠

- （左）**色塊＋無縫共構純淨美感**
  爲使機能與藝術感結合，從玄關區開始，就於牆面或櫃體大面積安排墨綠色塊；並刻意搭配無縫的淺灰磐多魔地板減少線條干擾，讓住家透過光影移轉、高低斷面的鋪陳，自然而然展演出如美術館般純淨的美感氣質。

- （上）**低彩度讓色彩交融更和諧**
  公領域以墨綠爲主，但融入白橡木皮增加層次；大面積、低彩度手法，創造安穩大方氣質。門片開闔將次臥的橘釋放或遮掩，就能製造更多視角與氛圍變化。

- （下）**手工綠牆增添寢臥人文感**
  主臥色牆以海藻綠礦物漆手工塗佈，希望透過非均質的紋理深淺，傳達出人文溫度；雙色搭配也令視覺更活潑。

　　談起住家設計時，多數人對於機能需求的注重，總是遠遠超越對美感留存的想像。但無一設計認爲兩者並非相悖概念；透過大尺度的機能面鋪陳，反而能兼顧美感面的講究，讓住宅掙脫日常、瑣碎的刻板框架，成爲展演生活的藝術場景。

　　案例採光面集中右側，在盡量維持格局原貌前提下，勢必無法透過大拆牆面來化解屋中央較爲陰暗的問題。所幸玄關區恰有一窗與客廳落地窗對應；因此從轉進廳區的動線開始，就以墨綠鋪陳牆色，既可透過綠彩引入大自然意象，同時也藉顏色深淺對比，呈現出先窄後寬的錯覺，反而更能放大空間感。

　　客廳以 1：1 規劃沙發跟書櫃面積以增添大器；而書櫃位置也是餐區端景，故藉由懸空、虛實相映的手法，讓櫃體變身爲藝術品。除了用綠做公領域色彩串連外，門櫃上兩道長形橘把手也別具巧思；不僅能替造型增色，亦是呼應次臥橘櫃牆的設計暗喻。

CASE **11**

巧用不同材質的堆疊，
玩味灰黑調系雅痞宅

空間設計暨圖片提供｜庵設計　文｜鍾侑玲

使用顏色 鐵灰色　 深黑色　〇 白色

· （左）**自然紋理堆疊休閒氛圍**

沙發背牆運用樂土營造粗獷手感紋理，呼應中島木紋版質感，擔心空間太過冷硬，遂以紋理分明的淺色梧桐木爲空間增添自然溫潤的休閒質感。

· （上）**輕淺木紋彰顯黑色個性**

地坪少見用深黑色系爲主軸，就連電視牆、臥榻和天花造型都用到大量灰黑色調，定義空間個性；同時，在立面和櫃體設計採取輕淺木紋元素做包覆，彰顯「黑」的存在感，卻緩和視覺重量，爲生活注入一絲暖意。

· （下）**溫馨舒適的淺灰色調臥房**

臥房同樣採取黑白灰三色調，卻運用木質的舖陳，增添一份樸實溫潤舒適感。床頭背牆運用壁紙突顯存在感，也方便日後維修或改色；同時，運用黑色漆料和樂土在壁面勾勒出房屋造型設計營造活潑視覺感。

24坪雅痞小公寓是爲兄弟二人量身訂作的質感宅，混搭現代與工業風格造型，運用二條軸線引領視覺延伸，一條軸線是由電視牆做幾何折面設計，延伸至天花和餐廳中島造型；另一條軸線則是從臥榻區由右至左向延展，最終轉折向下整合廚房排油煙機的收納設計，別具個性的造型手法延長空間景深，也降低壓迫感。

在色彩規劃上，採用兄弟倆偏愛的灰黑色調，彰顯男性獨有的陽剛氣質，整體配色相對簡單，卻透過木紋、漆料、樂土、壁紙、鐵件等不同材質紋理，以及深淺色階變化，蘊藏諸多細節讓空間更有深度、雋永而值得玩味。

同時，運用格局本身的高低差規劃開放式格局動線，成功將不同面向的光源迎攬入室，並在居家的左右二端分別設計了休閒的臥榻和露臺區，加上綠色植栽恰到好處地點綴，爲居家帶來清新自然的明亮氛圍。

CASE **12**

減法配色哲學，讓生活
爲空間暈染上豐富色彩

空間設計暨圖片提供｜一畝綠設計
文｜鍾侑玲

使用顏色 淺灰色   粉膚橘 亮黃色

- （左）**家具、軟件描繪生活的主色調**

考量木紋比例已經偏高，遂不再使用大面積跳色進行色彩的詮釋，並保留了軟件佈置的靈活性，甚至隨著家具添購，書籍小物等生活用品的增加，讓居家更具生活感，又不容易變得凌亂。

- （上）**低彩度配色營造無壓的療癒氛圍**

電視牆切割出淺灰色和粉橘色兩個大圓形，進行交疊設計，象徵一家人從單獨個體彼此靠近而產生交集，最終構築成一個完整的「家」，低彩度和諧配色，不對視覺造成壓迫感，呈現柔和恬淡的療癒氛圍。

- （下）**木、白和綠植的清新氛圍**

中島吧檯延續俐落風格，以及木與白的簡約配色營造乾淨清爽的空間感受，再擺上1、2株綠色植栽點綴，雖沒有華麗的造型元素，反而更增添一分舒適。

　　日雜生活風的居宅設計，採取簡約俐落的線條切割，揉合清新的淺木質和純淨的白色調，描繪出溫馨舒適的居家感受，也為空間運用留下更多包容性和靈活性，方便屋主依據不同需求或季節轉換，變換家具軟件佈置，為這個家暈染上生活的多變色彩，卻不顯得凌亂。

　　在格局的規劃上，為了滿足一家人的生活習慣和動線使用，設計團隊將整個公領域進行開放設計，並善用隱藏式櫃體、儲物間和層板，實現大容量的收納機能，卻弱化了收納的存在感。同時，利用平和內斂的淺灰色裝飾電視牆、沙發、書房展示架等，襯托木作溫潤，也串接起空間中的不同色彩，如：電視牆的粉橘色、書房層板的亮黃色等，賦予視覺一股穩定、和諧之感，營造舒適無壓的療癒系氛圍居家。

CASE **13**

用自然光為色彩打底，
打造歐美時尚感的黑白居家

空間設計暨圖片提供｜璞沃空間
文｜陳佳歆

使用顏色 灰色 ◯ 白色 ● 天藍色

· （左）**小坪數讓百搭白色放大空間感**

公領域是屋主最主要的活動空間，除了擴充格局比例外也以白色為基底，客廳的空間感也就更為舒適。

· （上）**自然光灑落提高色彩明亮度**

開展公領域同時帶入充沛的採光，讓白色空間煥發著明朗光感，也凸顯樂土鋪面灰牆的質感紋理，抱枕和沙發床等軟件糖果般的飽和色為空間注入了活力。

· （下）**延攬天空藍營造紓壓寢居**

運用色彩來區分公私領域，臥房選擇有助平靜情緒的天空藍，藉由色彩來舒緩疲憊的身心。

極簡意味著捨去繁複，留下的就是最貼近理想生活的樣貌，設計師希望讓這個家「在簡單的空間裡，有著不簡單的巧思」，因此為了讓小空間得到最完善的呈現，色彩儘可能簡單明確，公領域比例依照屋主好客的個性擴大，同時藉由材質分割地坪、燈帶延伸空間及跳色轉換場域等手法，減少隔間阻礙讓視覺景深更加延長。

經過設計安排，每扇窗都被引入完整自然採光，成為空間最佳色彩基底，白色及黑色以 6：3 的配色比例運用，讓黑色扮演描繪細節及景深的角色，回應設計師簡單空間概念，再用亮眼的桃紅色增加視覺效果，沙發背牆採用樂土灰在俐落平整的空間加入質感，簡約的設計風格延續進入主臥，色彩則轉為輕爽的天藍色，開闊無拘的色調打開家和生活的可能性。

CASE **14**

融合東西方元素，
選對主色輕鬆打造殖民風居家

空間設計暨圖片提供｜帷圓 · 定
文｜陳佳歆

使用顏色　● 霧霾藍　● 淺灰色

· （左）**跳色沙發點亮客廳形成吸睛焦點**

客廳以霧霾藍為主色與淺灰色幾乎以1：1的配色比例鋪陳，但當中讓量體較大的皮革沙發跳色，使整體色感更為活潑。

· （上）**華麗材質營造餐區氛圍**

公共區是對外交誼的重要空間，延伸客廳風格，餐廳以藍、灰色為主，再利用絨質餐椅和金色吊燈、餐桌等家具多種材質帶出優雅質感。

· （下）**輕柔色調幫助一夜好眠**

避免深色調可能產生的壓迫感，寢臥只帶入淺灰色進入休憩空間，再置入橘色睡床讓溫暖的色調帶來睡眠好心情。

一對新婚夫妻和設計師說：「我們想要與眾不同的居家空間。」要如何讓家不再是常規印象中的黑灰白，就得大膽嘗試千變萬化的色彩，才能創造出引人矚目的空間。既然屋主對空間不設限，設計師決定打造融合多元文化元素的殖民風格居家。

屋主活潑外向交友廣闊，開放式客餐廳讓他們邀請朋友到家裡作客時，能有個寬敞舒服的交誼場域。公共空間以淺灰色為基底，加入神秘的霧霾藍為主色，霧霾藍像純藍天空混合灰塵顆粒之後的灰藍色，低飽和度的色彩有著低調又不失質感的特質，而霧霾藍當中揉和了灰色，因此兩種顏色相搭特別和諧。

東西元素交融是殖民風特色，因此從進門就看到復古馬賽克玻璃屏風，及帶著南法調性的藤面鞋櫃及絨質餐椅，還有回歸流行的水磨石加上實木地坪，最後再以金色勾勒細節，整體空間以弧形線條圍繞，避免深色調給人過於嚴肅的感覺，同時回應屋主品味與個性，揉合出獨一無二的特色居家。

CASE **15**

擁黑拉灰讓明屋
暗藏穴居趣

空間設計暨圖片提供｜爾聲空間設計　文｜黃珮瑜

使用顏色　◯ 白色　● 銀灰色　● 黑色　● 孔雀藍

· （左）**白天花＋木地板共譜敞朗**

爲消弭公、私區天花高度明顯落差，利用堆疊的白色片狀層板暗藏燈光，達到弱化頂樑與增加造型目的。人字拼地板讓地面表情活潑，搭配金屬中島的光澤與白色廚具的純淨，更讓公共廳堂顯得寬裕大方。

· （下）**雙色次玄關肩負多重機能**

順應梯形電視櫃置中安排，左右路徑銜接成 Y 型通道；迴圈動線提升了出入順暢；又能製造看見兩處風景的選擇樂趣。櫃體背面內凹打燈創出第二玄關；此端景不但破除量體厚重，也兼具長夜燈效用增加安全性。

明與暗、動與靜皆是生物求存不可避免的要素；轉化在設計中，不僅能擴展感官對比落差，也讓家宅散發跳脫日常的戲劇性和感染力。原爲毛胚屋，且廚具管線位置剛好落在底端，加上客、餐廳臨著整片落地窗採光絕佳；故強化明暗對比切分公、私區，進而創造了寬敞明朗和隱蔽窺探共存的獨特氛圍。

考量需求，先將書房、孝親房及主臥劃歸同一側，並縮放牆面讓書房與主臥更衣間成爲兩個對稱的五角形。接著順應原有大樑將天花高度壓低，並噴塗油性黑色漆製造暗影效果；搭配塗佈了銀灰金屬漆的梯形電視牆，架構出雙向出入的 Y 型通道，讓整個私域範疇宛如黑衣夜行者，隱身於空間左側。

空間右側以綿延的人字拼木地板、五角形金屬中島和白色廚具，交融成明亮又溫暖的公共廳堂。堆疊的白色片狀層板，不僅能降低兩區天花落差過大的感受，同時也截短了橫亙的頂樑，達到延展與修飾功效。

· （左上）**藉材質差異展演暗黑魅力**
　私領域透過刻意壓低天花與塗黑增加隱匿感，也強化了明廳暗房的區塊分界。但因黑玻、銀灰金屬漆與油性黑漆三種材質的應用，加上通道斷開深淺落差，讓整個立面呈現豐富層次，也免除了沉悶的疑慮。

· （左下）**弧形混泥土牆增添自然感**
　休憩角落以弧形牆面搭配混泥土特殊塗料，打造出高聳岩壁的戶外感；素樸卻斑駁的牆色，配襯橘色單椅和黑色鐵件櫃，既軟化了冰冷，卻又吻合了整體環境色調，維持個性感。

· （右頁左）**圓弧木框激化溫馨印象**
　玄關窗戶位置側偏，故以圓弧拉出木框強化端景印象。短牆處做白色捲筒狀修飾，以平衡左右兩側視覺。木色與素藍揉雜出溫馨，讓回歸成為享受。黑地磚以人字拼創造大器氛圍，也替進入主空間埋下設計暗示。

· （右頁右）**跳色藍牆令寢臥添閒適**
　主臥床頭用孔雀藍點亮視覺，讓休憩氛圍更輕鬆，天花和地面延續公領域弧線、人字拼等元素串聯設計語彙，黑玻更衣間除了回應書房牆面材質，也讓視線通透、減少反射，增添睡眠的安穩感。

CASE **16**

以深淺不同的灰，
堆疊成純粹的灰色空間

空間設計暨圖片提供｜樂湁設計　文｜喃喃

使用顏色　● 灰色

· （左）**型塑灰色調的極簡美感**

以帶灰的木地板、具光澤感的牆面塗料等材質，來表現各種灰色質感，卽便用色精簡，仍可創造出豐富層次與視覺變化。

· （上）**不只是櫥櫃，更是鞋櫃與展示牆**

以頂天高櫃隔出玄關與餐區，且不只有鞋櫃機能，面向餐區設計成洞洞板收納牆面，外型則收斂成溫潤圓角，加上霧面灰色烤漆，便能融入空間灰色主調，同時也軟化櫃體銳利線條。

· （下）**低調光澤成視覺焦點**

位於書房區的大型收納櫃，爲減少大型櫃體壓迫感，部分採用開放層架設計，並在立面塗刷具光澤感的灰色塗料，透過窗外光線光澤更具躍動感。

居家空間的顏色，通常依照屋主喜好決定，然而男屋主喜歡灰色，女屋主卻擔心空間過於冷冽不夠溫馨，於是設計師建議，不如加入木質元素來調和空間溫度，不過爲了維持空間裡的極簡用色原則，只使用在如：木質窗框、原木床頭櫃等小範圍區域，做重點點綴。

以灰色做爲主色調，但只有灰色便會顯得太過單調，因此除了從灰衍生出不同色階的灰之外，更利用建材本身質感，來演繹各種不同的灰色調，如此一來，卽便是同色系，卻能有不同層次質感，接著加入黑、白兩色，調整空間色彩比例，藉此有凸顯主色調，達到精簡用色目的，讓空間不因只有單一顏色而顯得死板。當空間基底完成，家具、家飾擔任的是畫龍點睛作用，雖說挑選時仍不離黑白灰三色，但適時添入少量橘色元素，爲空間製造出吸睛亮點。

CASE **17**

運用中性墨綠
型塑舒適美式居家

空間設計暨圖片提供｜寓子設計　文｜許如萱

使用顏色 灰色　 墨綠

· （左）**明度對比調整用色比重**

從空間主色延伸，不只地板帶灰色調，沙發也是淺灰色，藉由不同色調的灰，製造層次感，其中唯一的白，則因光線灑落顯得柔和，在一片灰調空間裡也相當和諧。

· （上）**以色彩圍塑入門放鬆氛圍**

在玄關牆面、櫃體門片，運用線板與色彩兩個元素，來展現沉穩不失精緻的美式風，大膽將色彩從門口一路延伸至餐區，藉此圍塑出 L 型廊道靜謐空間氛圍。

· （下）**降低明度、彩度安定休息氛圍**

臥室等私領域空間，同樣呼應公領域綠白配色，但相較之下縮減綠色佔比，降低明度、彩度與使用面積，有效降低臥房空間壓迫感，讓人更好入眠。

屋主想像中的居家，是有著溫暖綠意的美式空間，因此空間主色一開始根據屋主喜好選定為綠色，但坪數不大仍需顧及到整體開闊感，所以先以白色做為空間底色，接著再利用線板將綠色帶入，如此一來不只成功打造一道視覺主牆，同時也將美式古典元素置入，營造出美式空間感。

綠有很多種，從中挑選出帶灰調的綠來使用，是為了調降色彩明度，藉此型塑出溫馨、放鬆的居家空間，延續自空間主色調性，地板同樣選用具灰色調的木地板，餐廚區牆面直接刷成灰色，以此來相互呼應，灰同時也能將空間裡的白適度調和，緩和色彩對比效果，製造出讓人想待在家的舒適、慵懶氛圍。

相對古典風，美式風格更俐落，因此家具、家飾多選用的是外型線條簡約款式，但在材質細節加入了金屬、石材等元素，以增添奢華感，提昇空間精緻度，也能讓美式風格更到位。

CASE **18**

高彩度點綴無色彩空間，
打造雜誌版面的時髦居家

空間設計暨圖片提供｜方構制作空間設計　文｜陳佳歆

使用顏色 ◯ 白色　● 淺灰色　● 暖黃色　● 黑灰色

· （左）**局部使用反差配色營造空間特色**
　　色彩感受上黃色和黑色是最引人矚目的配色，因此黃色的樓梯扶手、抽屜手
　　把等金屬配件，與黑灰色的襯底產生反差，卽使小面積使用也顯得出色。

· （下）**開闊空間放大高彩度顏色**
　　在開放式廚房上方大膽加入鮮明的黃色置杯架，之後上面會擺上屋主蒐集的
　　藏酒，色彩層次上就會再多一些有趣的細節。

　　仔細看這個灰白色鋪陳的空間好像有些不同，原來這對年輕的夫妻喜歡自由無拘的生活方式，因此少了居中攔腰的電視牆，打開生活場域的拘限。長型空間加上開窗位在左右兩側，爲了保留自然採光，收納盡可能垂直向上發展，書櫃後方規劃了一層小閣樓，一方面作爲收納，也可作爲客臥使用，無阻隔的縱深加上垂直動線讓視線更爲廣闊，無形之中放大了空間感。

　　簡約俐落的色彩配置也是型塑開闊空間關鍵，屋主喜歡活潑一點的色彩，因此在白色和淺灰爲基底的色調中，運用彩度較高的暖黃色作爲視覺主色，帶出屬於屋主的空間個性。鮮明的黃色採用點狀方式小面積灑落空間，讓色彩引導視線在空間延伸，色彩協調性就在行走區域之間感覺到。

　　開放式廚房上方的黃色置杯架，明顯色塊在開闊空間形成視覺重點，客餐廳區域則以抱枕、地毯等不同材質的軟件作色彩延伸，再適度帶入皮革單椅和木質餐桌，調和整體空間調性，提升居住的生活溫度。

· （左上）**隱藏版跳色創造空間驚喜**
打開主臥房門亮眼的紅色更衣簾映入，在灰白色及黃色的主要配色裡，開關門之間成為令人印象深刻的端景。

· （左下）**色彩點狀灑落躍動空間氛圍**
在灰與白色的空間基礎色裡小面積使用鮮明的跳色，讓視覺能循著色彩導覽空間，整體調性也更為協調一致。

· （右上）**搭配多元材質增添質感細節**
運用地毯、抱枕等織品及木頭、皮革等天然材質的色調混搭，能在單純色彩之中多一點質感上的細節層次。

CASE **19**

異材質的色彩碰撞，
點亮輕古典的時尚宅居

空間設計暨圖片提供｜甘納設計
文｜鍾侑玲

使用顏色 珊瑚橘　● 碧綠色　● 金色

· （左）**黑與白對比活潑珊瑚橘**

公領域以木質和白色進行簡單的鋪陳，降低不必要的線條切割，把視覺焦點留給廚房內一整面熊貓白大理石背牆，清晰的黑白紋理搭配珊瑚橘櫥櫃，相互襯托卻不會搶走各自風采，成就了這面明亮而獨特的視覺端景。

· （下）**雅緻綠色穩定視覺重量**

不同於廚具使用的亮麗珊瑚粉，玄關選用了低調雅緻的綠色為主色，為空間注入一絲穩定感。佈置上相對簡單，一張單椅、二幅畫作，展示屋主的藝術品味，看似隨性，卻又透出一抹優雅氣質。

「從平凡中探索不平凡的驚喜」是屋主夫婦的生活哲學，也落實在了這間典雅的渡假宅中，褪去了制式居家機能的桎梏，於是空間端景、也是全案的設計主軸，就從廚房的熊貓白大理石主牆延展開來，輔以珊瑚橘廚具，描繪出夫妻倆自由隨性、又帶點浪漫色彩的人生態度。

雖然以渡假、家族聚會為主，仍希望呈現溫潤的室內氛圍，樸實的木材質成為了地坪鋪陳的不二選擇，並向上延伸至複合型和室，極具藝術性的三角立體幾何切割，將客房、客浴和充足收納機能完美整合於同一量體，呼應著斜面天花板造型，順勢隱蔽了突兀的樑柱位置和空調系統。

細節處也值得玩味，配合女屋主對古典風格的喜愛，天花板細膩的古典雕花語彙、金色圓拱窗型、高低錯落的金色吊燈、金屬沖孔板，勾勒生活的場景層次。最後，選擇了雅緻的綠色用於玄關和臥房的配色，讓整體空間看起來更精緻大器，也展現設計師的色感品味。

· （左上）**高雅百搭的金色加乘質感**
經常被誤以爲很難搭配的金色，其實是空間的百搭色，與許多色彩配搭起來都有很好的和諧性，且質感高雅。因此，設計師將金色用於吊燈、窗框的裝飾，襯托空間質感，也蘊藏著幸福和溫暖之意。

· （左下）**靜謐碧綠色營造紓壓睡眠環境**
主臥房使用靜謐的碧綠色營造減壓放鬆感，因爲渡假宅衣物收納需求不高，設計師所幸捨棄傳統衣櫃，改用深綠色窗簾遮擋衣櫃吊掛量體，豐富色彩層次，也爲空間增添一分隨性和柔軟質感。

· （右上）**溫潤大地色系營造舒適宅居**
平靜柔和的大地色系是永恆不敗的經典配色，面對大面積的木材質使用，設計師透過顏色深淺和異材質的配搭，鏡面、鐵件、皮革、布料等，於統一色系中玩轉出豐富變化。

CASE **20**

律動線條，
讓黑不只是黑

空間設計暨圖片提供｜分子設計　文｜Fran Cheng

使用顏色 淺灰色 ● 霧面黑

- （左）**黑線條塑造無色彩居家質感**

  由玄關延伸至客廳的黑色屏風櫃不僅位居空間軸心而受到矚目，巨大量體與面材變化也是設計主軸，其中凹凸纖維板的規律線條不只呼應黑色個性感，同時也是塑造空間質感的重要細節。

- （上）**染灰木地板爲黑白空間介質**

  與黑色電視牆櫃的筆直簡約線條不同，木地板雖然同樣做染色處理而展現灰色調，但紋理則是自然而柔和的，加上餐區灰色櫥櫃也因裝飾有弧形曲線，讓無色彩的空間多了幾分柔美的人文感。

- （下）**黑屏風點出設計語彙**

  一入門就可看見的黑色屏風，界定出玄關動線、也確立空間設計主軸，並以高壓纖維板本身的規律線條作爲設計語彙，揮去黑灰白空間的冷漠與平乏感。

　　爲了實現屋主期待的個人風格，分子設計運用無彩色的單純色彩與秩序律動的線條塑造出獨特的空間質感。從一入門的玄關弧形屏風就點出設計主軸，透過黑與灰的牆面、櫃門，搭配木質地板作爲空間介質，使單純的黑、灰與白之間因加入低彩度的暖色元素而拉升空間溫度，並且達到平衡空間用色的效果。

　　爲了賦予黑色空間更多表情與變化，特別選擇具自潔功能的高壓纖維板（FENIX）爲主建材之一，同時將板材的線條造型作爲中性色空間的變異設計元素，透過燈光照映在平面與凹凸面材上創造出光面與立體的差異光影，衍生爲設計的細節與特色。

　　至於私領域除了延續黑、灰、白、線條等設計因子外，還加入長虹玻璃、線板與皮革等建材元素來暖化氛圍，讓舒適與機能都更完備。

CASE **21**

揮藍灑綠創造
有氧恬適居

空間設計暨圖片提供｜日居空間設計　文｜黃珮瑜

使用顏色　 灰綠色　 灰藍色　 特白

· （左）**以藍牆綠壁連結自然印象**

開放式空間中，灰藍色的電視主牆與左側餐區的灰綠壁面相互呼應，搭配木色做林木的印象連結，譜寫出徜徉在自然中的愜意與舒適。

· （上）**用木質升級溫馨與立體感**

洞洞板實用性高，且能與背牆的綠、白雙色激盪出活潑趣味。而餐櫃上的木皮元素，除了增添雙色變化，也讓櫃體線條更立體，有助強化聚焦功能。

· （下）**灰綠斜牆柔和又具設計美**

利用斜角延伸玄關牆色至餐區天花，不但能延伸視覺，還可以製造類似斜頂的設計感。壁面轉角刻意修圓增加安全性，入門印象也可以更柔和。

　　藍天綠地是每個城市住居者共同嚮往的自然連結；設計師利用斜角延伸牆色至餐區天花及壁面，讓人從一入門就受到綠意的撫慰。一轉身，帶灰藍牆像是壟罩薄雲的天空寧靜悠遠，輕易就鬆懈了奔波的緊張與疲憊。

　　對格局狹長、中段採光不足的空間而言，白色是提升明亮度、放大空間感首選；因此除了少數跳色牆面，白色依然是空間中應用面積最多的色彩，但透過櫃面、門板、鐵件門框、百葉窗，甚至磁磚等細節的鋪陳，都讓白能夠透過材質與線條的不同，創造出更豐富的面貌。

　　淺木色對於住家營造溫暖氛圍有很大助益。除了地板大面積使用外，玄關區洞洞板不但能隨時調整使用模式，鏤空孔洞也與地面六角磚共構出活潑印象。而餐櫃利用木皮作雙色變化，不僅讓櫃體線條更立體；作為入門視覺端景，更具有凝聚焦點的強化功能，恬適悠閒的氣氛也就自然而然傳遞散播。

CASE **22**

輕柔如詩的
白色北歐小屋

空間設計暨圖片提供｜ Sophysouldesign 沐光植境
文｜ Fran Cheng

使用顏色 灰 白色 灰粉色 淺粉色

· （左）**灰泥塗料讓電視牆增加量感**
　客廳以白色調為主調，讓空間展現明亮空氣感，接著在電視牆運用仿水泥塗
　料打造出 2/3 高的牆面造型，讓空間有了聚焦重心外，牆面也更有重量與實
　感。

· （下）**灰粉拱門為家勾勒出童話感**
　餐廳周邊緊鄰著小孩房，設計師特別以拱型小門的造型搭配灰粉色來設計小
　孩房門，不僅成功為白色餐廳增加色彩，而且讓畫面超有童話感，同時特別
　採用黑板漆作為留言板，提供家人一道溝通牆。

這是由夫妻帶著一名小女孩所組成的年輕家庭，由於屋主希望 17 坪小宅也能住出寬敞空間感，所以在空間色彩的定調上先以明亮風格作為主軸，加上屋主家庭生活多以小孩為重心，因此，除了以白色調放大空間感，同時再搭配莫蘭迪色的灰與粉作為跳色，打造出充滿詩意夢幻的住宅。

對於小空間而言白色調是最安全的色彩，但為避免空間過於平板，設計時特別將客廳電視牆以約 2/3 高的仿水泥灰牆作造型，達到增加牆面重量感與變化性的效果，也能與沙發背牆的灰色調相呼應。進入餐廚區，除了延續白與灰色調外，利用小孩房門為空間加入暖調的灰粉色，再搭配拱門造型讓畫面更增詩意。特別的是這道門還是留言板，方便親子溝通外，也是讓孩子進入童話世界的小門，女孩房延續以白搭配粉牆作主色調，與白色鋼琴共構甜美意境。主臥室則加入灰與藍的色調來營造出理性空間感。

・（左上）**灰粉燈光柔化白色餐廚區**
　餐廳與廚房採開放合併設計，並且在廚房以白色櫥櫃與灰泥色防火抗菌板，搭配白色餐桌區的
　單純色調設計，避免色彩干擾讓空間顯亂，最後以灰粉燈罩為整體點出溫暖光芒。

・（左下）**半高灰色牆讓床位具安定感**
　主臥室以白牆搭配百葉窗的俐落質感來圍塑出乾淨、白皙空間感，在床鋪區周邊漆上約 2/3 高
　的中性灰調牆色，藉此讓床位區更有安定感，也能與藍灰色寢裝呼應。

・（右上）**甜美粉嫩牆色減輕空間壓力**
　女兒房內因放入量身訂做的小床與白色鋼琴就已佔據大半空間，因此，選擇白色搭配淺粉色牆
　面設計，讓房間在粉嫩的甜美色調暈染中呈現輕量化與柔和感。

以濃烈色彩爲主調的
輕奢華居家

空間設計暨圖片提供｜分寸設計　文｜喃喃

使用顏色 深綠 玫瑰粉  黃色

- （左）**混搭色彩、建材，給予主牆精采表情**

電視牆切分成上下兩個顏色，上面為深綠色，下面以黃色做跳色，刻意與廚房大理石防濺板高度拉齊，均衡比例讓畫面更和協。

- （上）**減法配色避免視覺失焦**

玫瑰粉為牆面視覺重心，為避免顏色過多看起來凌亂，層板採用透明壓克力板，來達到輕盈視覺效果，同時凸顯牆面與層架上的家飾。

- （下）**色彩調降色階，讓人產生寧靜、紓壓感**

玫瑰粉延伸至臥房，改以繃布床頭板設計呈現，而與之搭配的藍灰牆色雖是冷色系，因帶了灰色調，可與玫瑰粉和諧搭配，聯手圍塑療癒睡眠氛圍。

　　為了與愛貓可以沒有距離地生活在一起，屋主搬到坪數較小的房子，設計之初便決定拆除其中一房，讓空間可彈性使用，而沒有了隔牆不只採光變好，生活領域變得開闊，設計師也因此可以大膽地運用強烈色彩，來取代隔牆界定空間功能。

　　整個空間希望呈現出質感的成熟大人風，於是選用深綠、黃色及玫瑰粉來做為空間主色調，由於採光條件好，不必擔心顏色過重而有沉重感。主色調確定後，無形中也將空間做出界定，而由於色彩較為濃重，與空間主色搭配的周邊顏色，像是書架下櫃，以及沙發背牆位置，採用深灰色、米色來做搭配，因為相近色可讓色彩之間更為和諧，同時又能做出色彩變化，讓整個空間感覺多了層次，卻又不顯得凌亂。至於主視覺的電視牆，則利用綠、黃以及大理石的灰色，透過適當比例分配，讓三種顏色完美併存於同一牆面，成為空間裡搶眼的牆設計。

CASE **24**

活潑藍綠與大地色的
完美調和

空間設計暨圖片提供｜知域設計　文｜許如萱

使用顏色 藍綠色　● 淺黃色

- （左）**加入大地色，中和冰冷色調**

公領域以白底加藍綠色的櫃體爲主色調，成爲注目焦點，輔以米色、駝色，以及草編座椅，平衡空間微冷的色調。

- （上）**明度變化配色，簡單有層次**

使用暖灰色爲基調的床組與櫃體，以不同明度層次變化，搭配同爲暖色系的淺黃色牆面，與連貫整個空間的淺木地板，除了以色調做出公、私領域場域切換，也能做到內外呼應。

- （下）**重點跳色、減輕量體，避免沉重感**

濃重的藍綠色，大面積使用，會因彩度過高，而感到壓迫，因此以跳色方式巧妙運用，藉此避免過於沉重。

　　想在家中也像渡假？設計師以屋主喜愛的藍綠色爲主色調，並搭配大地色系來中和空間溫度，在空間中營造出輕鬆、慵懶的渡假感。

　　藍綠色雖然是容易讓人感到冰冷且缺乏生氣的冷色調，但淺色木地板、窗台臥榻前的駝色地毯與藤編椅，加上闊葉綠植，反而中和藍綠色的清冷，營造出帶有渡假小島般的輕快氛圍。

　　此外，設計師透過圓潤、纖細的線條展現輕盈、年輕與現代感，並爲不同場域各自調整其冷暖調性，讓公領域更加簡潔俐落，而私領域則溫暖放鬆。

　　冷、暖調的互相搭配，是否會突兀不搭調，取決於不同顏色之間是不是相同調性，刻意將空間裡的藍綠色與大地色系，調整爲相近的暖灰調，就能讓不同的顏色之間更加契合。

CASE **25**

清新、明亮
淺色系溫馨小家

空間設計暨圖片提供｜一葉藍朵設計 A Lentil Design　文｜喃喃

使用顏色 淺灰色 ◯ 粉橘色

- **（左）以灰色串聯色彩，達到視覺豐富層次**

  淡淡的淺灰色採半牆處理，不只為無聊白牆抹上淡淡色彩，淺灰色也能包容各種顏色，即便家具、家飾色彩豐富，依然能達到視覺和諧，不顯得突兀。

- **（上）調入灰色，讓氣氛變輕鬆**

  局部牆面採用淺灰色，藉此調降以白為主的色彩彩度，讓屋主可以更舒適、放鬆地與朋友在這裡用餐聚會，而不經意出現在家飾的紅、粉橘色，則能巧妙點綴讓空間更具生氣。

- **（下）溫柔色調打造睡眠情境**

  女屋主不易放鬆入眠，因此主臥牆面採用帶灰的橘色調，藉此軟化空間氣氛，讓情緒得以沉澱獲得平靜更容易入睡。

屋主一家有著開朗個性，加上男屋主顏色接受度高，不排斥粉色系，因此從屋主性格特質延伸發想，以清新、明亮的顏色做為空間主色調。空間採光條件不差，藉由重整玄關區，光線更不受限制直達主空間，不可避免的大型收納櫥櫃，除了採用女屋主喜歡的穀倉門元素外，特別選用淡淡粉色木貼皮，來降低櫃體重量感，同時對應空間的清新主調。

一個空間若全漆成白色未免過於無趣，但刷上輕淺色調，又不夠沉穩，因此將餐區的淺灰色延伸至客廳，採半牆而非整面牆塗刷，來創造層次變化，並刻意與餐區線板高度拉齊，以達到串聯空間，製造視覺俐落目的；不過白色仍佔據最多面積，因此搭配選用淡雅的淺色木素材來提昇空間溫度，家具、家飾部分則延續最初風格定調，挑選輕巧款式，只在局部加入鮮豔的紅、黃、橘等飽和色彩，來為空間注入滿滿活力。

CASE 26

低調灰勾勒空間軸線，
營造穩定知性居家風格

空間設計暨圖片提供｜庵設計　文｜鍾侑玲

使用顏色 鐵灰色　 白色　 綠

· （左）**傾斜角度消彌長廊過道感**

餐廳配合天花造型以傾斜角度規劃櫃體和家具的安排，使動線更爲流暢。爲免空間色彩太過厚重，運用淺灰色樂土於牆面刷出手作紋理，並搭配鏡面放大空間感受。

· （上）**降低色彩元素襯托綠牆主題**

書房的亮綠色主牆是屋主指定色，設計師遂以包容性極強的純白色和黑咖色系爲基調，分別用於天地壁的鋪陳，平衡視覺重量，並襯托這片綠色主牆成爲空間中極具個性的存在！

· （下）**質感灰勾勒生活穩定感**

運用鐵灰色漆料勾勒樑與柱的量體，配合天花造型呈現對稱的穩定美感。樓梯前的石板牆延續著灰色調的主題，襯托沙發背牆的木質紋理，並透過鐵件層架銜接立面的整體感，迸發沉穩大器的舒適氛圍。

　　面對狹長型的透天別墅，設計師選擇運用天花板的軸線設計，整合橫樑的存在，從客廳延續拉伸至餐廳、吧檯，放大視覺的感受，也串起整個空間的連貫性和一致氛圍。

　　風格營造以木、白、灰三色爲主軸開展，爲了配合木質的溫潤個性，設計師特別選用同樣帶有暖度的暖白色和鐵灰色進行搭配，讓視覺的色彩感受更加和諧。最後，在主要生活區的客廳和臥房使用具有吸濕除臭功能的珪藻土規劃主牆，讓空間染上屋主喜愛的淡綠色和自然手感紋路。

　　同時，透過斜面的櫃體設計，滿足收納實用機能，強勢削弱了柱體銳角感，增添視覺的趣味感，創造流暢動線。坐落於格局中央的樓梯則重新調整牆面佈局，大理石紋理提升居家大器格調，拱型挖空造型則解放光源的進入，解決長型屋常有的陰暗、採光不佳問題，襯托低調知性的放鬆氛圍。

CASE **27**

將白發揮極致，
展演極簡藝術現代感

空間設計暨圖片提供｜寓子設計　文｜許如萱

使用顏色 明黃色　◯ 白色

- （左）**純白基底營造輕透感空間**

  純白空間中性而簡單，搭配什麼顏色都不突兀。設計師刻意利用空間採光優勢，大膽加入明黃色，並自由分佈在各個角落，將原本無趣的白色空間，變得活潑有朝氣。

- （上）**無彩色降低空間壓迫感**

  採用光條設計來引導階梯級級向上，同時也藉此將光線打在這個無色彩空間，再透過光源反射達到空間放大目的，降低夾層因高度不足造成的壓迫感。

- （下）**以相異材質帶出層次**

  選擇在採光最好的地方作為和室，以淺灰色的木地板，加上米白色沃克板，巧妙在地上做拼接，雖然同色系，但透過不同材質質感做出層次變化。

　　白，是最適合演繹自然光的顏色，在這個坐擁三面採光的公領域，光線更能透過挑高直達室內空間，因此以白色做為空間基調，強調明亮感，更讓整個室內達到最極至的通透。

　　純白色反射率高，不只能充分展現三面採光優勢，將光線引入空間，打亮整體環境，甚至能更進一步將光影變化也納為設計的一部分，但如何將簡單的白打造出層次感？除了白色之外，利用帶有灰色調的木地板，為空間刷上淡淡

的淺灰色，藉此穩定空間重心，避免過多的白讓人感到浮躁。除此之外，藉由局部區塊加入明黃色，製造驚喜亮點，採分散式安排，則能達到串聯空間目的。

　　白容易讓人感到冰冷，因此在空間裡加入大量圓弧線條，來柔化空間過於極簡隨之而來的冷硬質感，在家具的材質選用上，也刻意挑選具圓潤外型，且材質也多是布面、木素材等材質，來提昇空間溫度。

CASE **28**

洗鍊的灰白色
展現優雅法式風

空間設計暨圖片提供｜工緒空間設計　文｜喃喃

使用顏色　淺灰　深灰

- （左）**格窗設計呼應風格元素**

  特別在隔牆上做出格窗設計，藉此呼應法式古典風格元素，再藉由玻璃穿透視覺效果，讓空間不顯閉塞，且有延伸放大效果。

- （上）**雙色牆面凸顯明暗對比**

  牆面利用灰白反差製造明暗視覺效果，若再細看牆上線板，便能發現設計細節有微妙不同，無形中也增添空間的層次變化。

- （下）**鮮豔亮色製造視覺亮點**

  以大量的灰白來鋪空間的優雅調性，再藉由鮮豔亮色系的土耳其藍和橘色，製造跳色效果，也為空間帶來一絲活潑氣息。

　　屋主喜歡法式風，因此使用線板、文化石等建材，來型塑空間基底，為避免設計重點過多，在顏色選配時，盡量保持極簡原則，除了做為底色的白，透過深淺不同的灰，來為空間裡大量的灰色製造層次變化，即便是同一色系也不顯得單調。除此之外，更透過牆面灰白兩種配色，來保有冷色調質感，同時又不會讓空間變得暗沉。

　　以灰白兩色鋪陳打底，添入少量點綴的土耳其藍和橘色，在製造視覺亮點的同時，更讓空間多了點朝氣，而不至於太過沉悶。

　　由於空間不大，書房隔牆上半部採用玻璃材質，下半部使用線板延續風格元素，並將銳利直角改以大圓弧收斂隔牆外型，藉此有引導動線、柔和空間線條功能，而隔牆雖刷上深灰色，因清透材質與圓潤外型，不僅不顯壓迫、沉重，反而成為聚焦視覺的獨特設計。

CASE **29**

當理性色彩遇上感性線條，
創造讓人不想出門的療癒居家

空間設計暨圖片提供｜璞沃空
文｜陳佳歆

使用顏色 米色 ◯ 白米

· （左）**天地圓弧線條柔化灰階空間**

簡單弧線條創造出漸進動線，讓每個區獨立但又保有關聯性，而純粹低彩色感打造安撫身心的寧靜居家。

· （下）**材質與色彩對比創造空間樂趣**

主臥局部牆面採用紅磚與木紋搭配，粗礦的材質紋理與簡約線條色彩形成趣味的反差對比，也讓臥房感覺更爲輕鬆。

空間以不容易出錯的黑、灰、白三色爲主軸，卻容易不小心讓空間顯得單調沒有特色：從事醫療產業的夫妻，期待有美好休憩品質的居家，不同於一般居家垂直水平的理性線條，從入口開始，依著壁面創造弧形量體帶領了動線進入空間，隨即弧形電視牆體在空間對角中區隔出玄關、公領域及閱讀區。餐廚房特別規劃了中島增加居家休閒感，異材質地坪自然而然界定空間區域，與天花板弧線條形成對應關係。

純粹的無色彩營造出安穩寧靜的氛圍，在躍動的弧形曲面帶領下拉近了與生活之間的距離，黑、灰、白由深入淺向上堆疊出垂直層次，利用深色地坪穩住空間平衡，天花板及地坪則以白爲基底，再利用家具及材質帶入灰，爲水平空間填入了層次；延著天花板圓弧線條通往臥室，溫暖氣息的紅磚牆面中和了主臥黑白色調，爲居家增添多樣的風格樣貌。

· （左上）**環形牆面緩衝色彩及空間區域**
位在空間對角的弧形電視牆，成為三個空間動線引導及分界線，礦物塗料呈現自然的灰色調，
同時也調和地坪和牆面的色彩反差。

· （左下）**跳色處理天花板弧線勾勒視覺細節**
中島結合餐椅的設計能減少餐廳單側動線的壓迫感，讓餐廚之間關係更為密切，地面材質拼接
對應天花板圓弧線條，高低差之間的米色低調則為空間增加柔和色感。

· （右上）**輕暖色調讓閱讀角落倍感溫心**
弧形牆體在公領域輕巧的安置了書房，原本在公領域的白牆隨著天花板在這裡轉換為柔和的米
色，營造出一隅溫馨的閱讀角落。

CASE **30**

自然色與黑色協奏曲，
共譜現代微奢華

空間設計暨圖片提供│惟園‧定制　文│陳佳歆

本案設計用色色號 ● 淺橄欖綠

· （左）**圖騰壁紙引導視覺延續空間色彩**

在入口牆面局部貼上壁紙，馬上就能創造玄關特色，叢林圖紋當中的黑色及綠色元素也成爲整體色調的提示起點，讓人從第一印象就對空間充滿期待。

· （上）**重點搭配深色古典風格也時尚**

從玄關，客廳到餐廳分別在不同地方利用黑色延續空間彼此關係，讓每個空間都有各自的特色。

· （下）**自然暖色調平衡石材奢華個性**

公共區牆面以混入牛奶白的橄欖綠及茶色色調，平衡大理石地坪較爲冰冷的質感，調和出溫馨的居家氛圍。

　　空間配色就像一個人的衣著穿搭，決定衣服色調後再用配件呼應，整體配色就更爲相融和諧，如同這間散發優美典雅氣韻的居家。空間依照女屋主喜歡的古典風格來設計，爲了讓空間更貼近現代生活模式，揉合經典的古典線條與當代簡約設計，再填入大自然元素，使得優雅浪漫中又不失活潑率性。

　　公共空間利用細膩的色調營造豐富細節，基底色中不全然以純白色鋪陳，加入牛奶比例高一點的淡奶茶色，增添了居家的甜美溫度，沙發和電視主牆選擇淺橄欖綠作爲主色搭配深色木皮，牆面色彩和紋理材質的協調搭配，加上線板勾勒都讓空間多了耐人尋味的層次。

　　餐廳和主臥都大膽選擇藍黑及黑色搭配，雖然色調較深沉濃厚但小範圍重點使用，再以金色燈飾適當點綴出精緻質感，反而更能給予空間視覺重心，呈現華而不奢的空間氛圍。

CASE **31**

優雅粉紫的
輕熟奢華小天地

空間設計暨圖片提供｜知域設計　文｜許如萱

使用顏色　 粉紫色　 藍紫色

· （左）**深色沙發穩定視覺焦點**
客廳挑選了深藍色 L 型沙發，雖
爲紫色的鄰近色，但能穩定視覺
重心，使整體配色不會顯得過於
輕淡沒有重點。

· （上）**金屬質感打造輕奢空間**
在整個餐、廚空間中，用粉紫色
爲底，以金屬色材質與燈飾適度
點綴，製造出視覺焦點，也能帶
出俐落輕奢感。

· （下）**低彩度搭配，放鬆不壓迫**
私領域空間，床頭選用了較深的
藍紫色，藉由深色達到安定情緒
效果，同時也營造出柔和、溫暖
的睡眠氛圍。

　　作品以格雷仕女茶爲名，是爲兩位
靑年女性所做的設計，旣不是少女般粉
嫩，亦不能顯得老氣，設計師便爲其挑
選了粉紫色來做爲主調，帶出柔美、如
柑橘酸甜的氣息。屬中性色的紫，好看
卻要愼選，在不同手法運用下，除了給
人高貴、優雅感，也可能會是抑鬱、沉
悶，而粉紫色輕盈中帶著優雅，剛好能
完美型塑出成熟不失其溫柔氣質的大人
感空間。

　　原來的淺灰色地板與牆面，正好可
以中和紫色調，爲空間帶來穩重與理性
氣質，提昇空間質感作用，同時也能和
諧地與空間裡各種不同明度、彩度的紫
做搭配。紫色一向給人奢華印象，因此
在空間裡加入金屬元素，帶出華麗奢華
感，不過只在局部應用或以帶有金屬材
質的家具、家飾點綴，避免使用過多，
而失去原有溫柔、優雅的空間調性。

CASE 32

極簡用色，
也能為空間帶來豐富層次

空間設計暨圖片提供｜穆豐空間設計有限公司　文｜嗚嗚

使用顏色 藍灰色　 粉藕色

· (左) **花磚鋪陳驚喜視覺效果**

玄關區地板採用復古花磚，小面積使用除了有界定空間功能，也能豐富空間元素，並打造讓人進門為之一亮的視覺效果。

· (上) **單純卻能打造和諧視覺的同色調**

不希望空間顏色過多，因此家具家飾，以及廚房防濺牆，大量延用藍色系，藉此維持極簡用色，同時又能豐富層次。

· (下) **善用小面積色彩做點綴**

由於家具也是線條簡約款式，因此以藍灰色牆做為空間主角，搭配同色系家具、燈飾，為純白空間增添視覺亮點的同時，也不失簡約調性。

　　這是一間四十年老屋，不只相當老舊，光線更是因為原來落地窗而讓空間變得陰暗。為了改善採光問題，大膽將落地窗移除，讓光線可直達室內，而因為採光得到了改善，空間變得明亮，也感覺更寬闊。

　　老屋問題解決，空間風格以屋主喜歡的無印簡約風為主軸，盡量收斂多餘線條，讓空間更顯俐落、簡潔，搭配使用大量木素材來為空間增添溫度，色彩部分則遵循簡約原則，除了白和木色之

外，只在沙發背牆使用了藍灰色，來製造空間視覺焦點，同時也是為了避免過多的白，讓空間變得無趣。

　　由於屋主不喜歡太多顏色，因此以局部點綴方式，加入少量色彩，像是牆上的珊瑚橘層架、藍色吊燈，以及藍色沙發等，利用同樣的藍色系，卻不同質感，來製造豐富的變化。

CASE **33**

巧用細節的撞色設計，
襯托活潑溫馨陽光宅

空間設計暨圖片提供｜一畝綠設計　文｜鍾侑玲

使用顏色 靛藍色 橙色

· （左）**局部配色為設計加分**

利用天花造型來修飾樑柱位置的同時，刻意打造出類似屋中屋的斜頂造型，再使用屋主喜歡的藍色修飾裸露出來的橫樑，凸顯天花造型，也引導視覺注意力，降低大樑壓迫感。

· （上）**繽紛撞色增添設計童趣感**

結合木作、鐵件和玻璃規劃樓梯的扶手，穿透性設計與活潑的造型變化，營造視覺輕盈感兼具安全性。同時，擷取彩虹瀑布意象，於鐵件欄柵的外表包裹上粉嫩的紅、藍、白色，增加活潑童趣感，也讓這座樓梯成為女兒們最愛遊玩的地方之一。

· （下）**粉藍和粉橘對比活潑氛圍**

小孩房機能相對簡單，床頭房屋造型的童趣收納，延續著公領域藍色調，搭配粉嫩的橘色做對比，增添空間的活潑色彩，又不失小女孩的甜美感。

　　對於一畝綠設計團隊來說，「色彩」在空間設計扮演了「修飾」和「點綴」的重要功能，即使運用的面積不大，卻往往具有畫龍點睛之效，而這也是本案的軸心。

　　狹長型的居家格局以餐廳為中心開展，木質結合純淨白色體現舒適寬敞視野，並在客餐廳之間規劃一座穿透式大拉門，延伸視野也讓陽光自由穿透進入內室。

　　同時，在天花局部露樑處，使用屋主挑選的靛藍色做小區域裝飾，凸顯天花板的斜面造型，增加視覺活潑感，另一方面，也可以引導視線進行延伸視覺、減輕格局壓迫感。

　　而樓梯欄杆、小孩房、軟件佈置等位置，一樣延續低彩度配色邏輯，分別挑選靛藍色、紅色、粉橘色等顏色，進行撞色設計，為這座看似簡約的質感居宅，添加細膩而活潑的設計元素。

CASE **34**

白和粉綠色，
聯手打造古典小清新

空間設計暨圖片提供 |
執見設計室內裝修工程有限公司
文 | 喃喃

使用顏色 ● 粉綠色

· （左）**取代封閉隔牆的特色主牆**

以輕盈材質重新打造隔牆，並利用線條、窗花玻璃、清玻等元素，形成一道散發歐洲復古氛圍的牆面，兼具消除壓迫感，與呼應鄉村古典風目的。

· （上）**硬體結合軟件，完整空間風格**

適當利用家具可以瞬間讓空間風格更到位，除了以穀倉門、半腰牆確立風格調性外，再藉由家具、燈飾的材質、造型，快速與空間風格做連結。

· （下）**用對材質黑也能很輕盈**

藉由鐵件輕巧又能承重特性，降低黑色收納牆的壓迫感，並以功能取向規劃層板，製造立面視覺趣味，最下層收納櫃則改以人字拼木貼皮，來呼應空間主調。

這個只有十五坪的空間裡，要有一個收納屋主大量收藏的收納櫃，還希望空間帶入古典、鄉村、工業風元素，看起來似乎會讓空間變得擁擠的要求，在設計師幾經思考後，都順利解決。

為了最大限度放大空間感，以白色做為空間底色，接著採用鐵件結合玻璃的設計取代原始主臥隔牆，並在鐵件刷上粉綠色，完全消除牆面封閉、堅硬印象，製造出輕盈、清新感受，源自粉綠色對自然的聯想，隔牆下半部嵌入天然素材，不只可豐富立面設計，也讓原來單調的隔牆變身成極具設計感的空間主牆。

玄關和餐廚區牆面，以地面綠色系花磚，和綠色腰牆設計，來延續綠色主題，同時又也能注入鄉村風元素。為確保收納量，空間裡最大的一道牆面，規劃成電視牆結合收納的牆設計，選用鐵件、鐵網與清玻材質，降低因全黑與大型量體帶來的壓迫感。

CASE **35**

低彩度恬淡質感宅，含蓄
接納一家三口的色彩個性！

空間設計暨圖片提供｜甘納設計
文｜鍾侑玲

使用顏色 青藤綠 米裸色 粉藍色 黑色

· （左）**靑藤綠詮釋生活的恬淡與內斂**
如同女主人溫柔的包容與照護，含蓄的靑藤綠一樣能輕鬆接納不同色彩，成爲環境背景的主色調，低飽和、低彩度的配色邏輯，呈現恬淡輕柔的住宅語彙。

· （下）**黑與白的對話，彰顯場域個性**
公領域的客廳和餐廚區以黑與白做爲場域界定，加入煙燻茶色中島餐桌和暖和日光，爲空間增添樸實醇厚的溫度，不因黑與白的鮮明對比，讓空間顯得太過冷峻。

一個家的組成是屬於每一位成員的，那麼在居家設計上，該如何滿足每個人的不同興趣和嗜好？設計師巧妙選擇「顏色」來解題，以代表著女主人的靑藤綠爲主色調，含蓄接納空間的不同色彩，加入男主人的黑、小男孩的藍，以及低飽和度、可以調和空間氛圍的米裸色，第一時間定調這個家恬淡舒適的生活感受。

規劃上，屋主希望每個人的收納空間各有歸屬，設計師決定因地制宜，善用屋高訂製一整座鐵件櫃牆，既滿足了大量的物品充足需求，也充當公私領域間的緩衝屏障，於大小不一、錯落有致的櫃格中，整合臥房、更衣間和衛浴三個入口於櫃體造型中，造型簡潔，機能卻相當多元。

公領域是白與黑的對話，純白色的電視牆對比著純黑色的廚房規劃，藉由立體線條的切割和異材質堆疊，呈現出這二種顏色的多變層次，在溫雅靑藤綠的襯托下，成功透過色彩定義不同場域個性。

· （左上）**童趣男孩房以藍色妝點**
　受限格局，小孩房面寬較窄，設計師遂以大量留白放大空間感受，於家具、軟件佈置加入屬於
　小男孩的藍色，帶出空間主人的個性和活潑氛圍。

· （左下）**異材質堆疊，展現黑的不同面向**
　廚房規劃選用男主人喜歡的黑色調，黑色的瓷磚、金屬、木質櫃門和酒櫃，透過異材質的堆疊
　呈現出黑色多變層次。

· （右上）**米裸色調和材質的溫度**
　延伸地坪的淺木色，用柔和米裸色包裹細鐵件架構的櫃體，弱化鐵件的冷硬感，映襯著背牆的
　青藤綠，爲居家注入一絲暖意和恬淡的生活感；而櫃牆的局部鏤空設計，則引導自然光的穿透，
　由私領域進入公領域，優化室內採光。

CASE **36**

以溫柔色調，
打造輕調古典風

空間設計暨圖片提供｜工緒空間設計　文｜喃喃

使用顏色 ● 藍色 ○ 白色 ● 粉橘色

· （左）**花磚地坪強化空間風格**

狹窄的玄關區，採用斜切製造空間放大感，並藉由地面鋪貼花磚，和藍色半腰牆設計，營造入門第一印象。

· （上）**柔和的藍色古典空間**

將藍色從玄關延伸到客廳，並藉由櫥櫃和沙發，大面積使用藍色系，來為空間定調，而界於客廳與餐廚區間的電視牆，則以灰色降底色彩明度，讓藍、橘兩色自然過渡，達到視覺上的和諧。

· （下）**讓人愉悅的用餐氛圍**

餐廚區採用粉橘色，不只是延伸屋主溫柔個性，這種顏色也有柔和空間，製造放鬆氛圍效果，有助用餐時產生愉悅情緒。

　　屋主喜歡地中海、法式等多種不同風格，但一個空間風格過多反而顯得混亂，因此設計師將其轉化成經典耐看的美式風，再適當地把其餘風格元素，改以家具、建材等方式，在各個區域做局部點綴，滿足屋主對於居家空間的期待。

　　在玄關首先以花磚鋪陳，界定出落塵區，也讓人瞬間與地中海做連結，接著將地磚的藍延伸至牆面線板，利用同色系適當收斂風格元素，達到視覺上的和諧，不做整面刷色而採腰牆設計，維

持適當比例的白，來提昇玄關明亮感。

　　由於空間不大，在這個開放式空間裡，仍以白做為空間主色調，選擇在客廳、餐廚區的大型體量刷上藍色、粉橘色，來界定出空間功能，同時也能給予空間重心，家具挑選依據屋主喜好，皆帶有輕奢華感的銅、絨布等元素，藉此可讓空間風格更完整，也能豐富空間層次感。

CASE **37**

搶眼藍綠色，
聚焦視覺成爲空間重心

空間設計暨圖片提供｜穆豐空間設計有限公司
文｜喃喃

使用顏色 藍綠色 米灰色 粉藕色

- （左）**色彩串聯成搶眼主牆**

  因入口被截成左右兩道牆，但利用藍綠色將其連貫成主牆，電視牆為了遮蔽電箱，採用線板美化，餐廳區則除了漆色，壁磚也採用藍色調，來延續主牆顏色。

- （上）**淺色降低明度更顯療癒**

  與主牆對應的沙發背牆，使用的是米灰色，不只是為了避免搶過主牆顏色，同時也能降低色彩明度，讓人置身在空間裡，能有放鬆感。

- （下）**濃厚色系為空間帶來穩重**

  空間裡大量淺色，加上木地板也是淺色，因此將藍綠色延續至櫃體，藉此從淺色做跳色，也能藉由偏重的顏色，讓空間感覺更沉穩。

　　長型中古屋，餐廚區採封閉格局規劃，整體空間不只採光不佳，通風也不好，於是設計師便建議打開餐廚區，與客廳相連形成一個開放式空間，不只可改善原來採光、通風問題，空間也會變得更開闊、舒適。

　　小坪數空間最常使用白色來放大空間，但白色空間裡若沒有一個主色，便會顯得無趣，因此選用藍綠色，從客廳電視牆貫穿餐廚區，形成一道藍綠色主牆，來增加空間重心與視覺亮點。

　　與藍綠色對應的沙發背牆，刷上淺淺的米灰色，刻意留一段白色牆面，藉此達到點綴效果，同時降低存在感，避免搶過空間主色，失去視覺重心。來到私領域，不宜使用強烈色彩影響入眠心情，因此主牆是淡淡的粉藕色，搭配清淺木色，來圍塑出柔和、紓壓調性，讓人可以放鬆入眠。

CASE **38**

延伸自然色彩，
打造屬於我們的生活風景

空間設計暨圖片提供｜
一葉藍朵設計 A Lentil Design
文｜喃喃

使用顏色 綠色 藍色 灰色

· （左）**宛如置身海邊的大海藍**

這個家是以大自然為主題，因此
這道牆面的顏色，也使用有如湛
藍大海的藍色，藉此可從大量的
木色中跳脫，成為空間裡的吸睛
亮點。

· （上）**在大自然裡安然入睡**

呼應窗外綠意，主臥背牆也刷成
綠色，刻意選用紅色系寢具做
搭配，藉此讓空間除了清新自然
感之外，還可以增加一點熱情元
氣。

· （下）**不規則塗刷出趣味創意**

一般多是整面牆或者腰牆方式來
塗刷牆面，但這面牆就是刻意跳
脫規矩的塗法，選擇刷出一個不
規則的梯型，不只讓色彩豐富空
間，也讓牆面看起來更有趣。

屋主夫妻皆是攝影師，平時喜歡戶
外露營，當初買下這間房就是看中窗外
的一片綠意。為了引入窗外綠意，第一
件事要做的就是重整格局，藉由打開過
多封閉的隔間，讓空間動線規劃更符合
一家人使用，同時也讓採光可以引進室
內，而光線充足了，在選用色彩與建材
時也可以更不受限。

屋主熱愛戶外活動，因此空間裡大
量採用木質元素，由於光線足夠，不用
刻意挑淺色，選用更接近原色，與紋理

鮮明的木素材，來與窗外綠意呼應，並
營造出宛如置身大自然的生活情境。以
白與木色為主的空間裡，在全家最常停
留的餐區牆面，塗刷如大海的藍，主臥
牆面則是新鮮的綠，利用飽滿色彩來表
現自然元素，也可製造視覺驚喜的跳色
效果，接近玄關牆面刷成矩型，來增加
趣味變化，選用灰色調，除了有自然融
入各種顏色考量外，也是因應有拍照背
景牆的工作需求。

CASE **39**

極簡用色的
高質感居家

空間設計暨圖片提供｜分寸設計　文｜喃喃

使用顏色 淺灰色 藍灰色 粉橘色

· （左）**重點搭配，打造視覺亮點**

　在淺灰色的空間裡，藉由局部使用奶茶色和黑色，製造視覺焦點，藉由顏色深淺互搭，無形中增添空間的層次感。

· （上）**色調相近讓色彩自然融和**

　與開放空間用樣使用藍、灰及奶茶色，但並非1：1使用，而是採腰牆設計，讓藍灰色環繞主臥牆面，奶茶色則以櫃體形式搭配，由於三種顏色色調相近，因此可以自然和諧而不顯突兀。

· （下）**元氣粉色調主導衛浴體驗**

　與主空間相反，衛浴空間主色調是活潑的粉橘色，不只半牆刷上粉嫩的粉橘色，下半牆的白色磚牆更刻意選用粉紅色填縫劑，來與牆色呼應，讓人一進到這裡，便能感受活潑氣息。

　　屋主一開始就很明確自己喜歡的是工業風，因此空間主色調，很快就以冷色調為主。首先選擇使用淺灰色而非白色來為空間打底，避免空間裡有太跳tone的顏色，同時也是不希望色彩之間對比過於強烈，接著再利用廚具、家具、書房牆面，重點式加入深色元素，以型塑出工業風的冷硬形象。

　　除了灰色以及黑色外，設計師加入了棕色系來調和空間溫度，像是電視主牆的奶茶色板材，廚房區牆上的奶茶色腰牆，以及玄關區的深棕色穿鞋椅，雖只是點綴式搭配使用，卻讓空間更具層次感，同時也能柔和只有黑、灰兩色的冷硬感，讓這個空間可以感覺更溫馨。

　　來到私領域，主臥延續公共空間用色，以藍色、灰色以及奶茶色，共構出極簡卻不失溫馨的睡眠空間，小孩房則回歸活潑天真特性，以局部鮮豔色塊、插畫等，打造出專屬小朋友的遊玩天地。

CASE **40**

濃淡色彩和諧相融的
北歐空間

空間設計暨圖片提供｜工緒空間設計　文｜喃喃

使用顏色　 藍色　 湖水綠　● 淺藕色

- **（左）特色電視牆凝聚視線成爲空間重心**

  以切割面設計與藍、灰兩色，製造主牆隨興趣味與視覺亮點，並藉由用櫃體的白，幫助冷色調的藍、灰色，融入周圍的淺色調。

- **（上）利用淺色提昇明亮感**

  玄關位置沒有採光，因此頂天高櫃選用大地色的米灰羊絨色，適度提昇明亮感，搭配淺色木質元素也更爲協調。

- **（下）散發淡淡森林清新氣息**

  餐區牆色採用湖水綠，雖然色彩淺淡不明顯，卻能散發一股自然清新感，並製造讓人心情愉悅的用餐氛圍。

在這個以白和木素材爲主要元素的空間裡，設計師選擇在牆面、櫃體塗刷上湖水綠、米灰羊絨色，雖然只是局部使用，卻能製造視覺層次變化。而在以淺色爲主色調的北歐風空間裡，來到視覺焦點的電視牆，在做出切割面設計後，以深藍漆色，搭配灰色樂土，在一片淺色中做出跳色，不只達到聚焦效果，也讓空間更形沉穩。

來到私領域的主臥，延續電視牆的藍，將頂天高櫃刷成深藍色，與之搭配的牆色，捨棄白牆改以帶灰色調的淺藕色，利用中性色調穩定情緒特性，添入些許屬於睡眠空間應有的寧靜氛圍，且相比白牆與藍色造成強烈對比，讓人無法沉澱心情，有計劃運用淺藕色來達到緩衝視覺效果，也更能型塑出讓人放鬆休息的睡寢空間。

DESIGNER DATA

一畝綠設計

03-6561 055
acregreen2012@gmail.com
新竹縣竹北市六家五路一段 318 號 3 樓

一葉藍朵設計 A Lentil Design

0935-084-830
alentildesign@gmail.com
臺北市信義區虎林街 164 巷 19-2 號 1 樓

工緒空間設計

03-6582-786
gongxuind@gmail.com
新竹縣竹北市成功七街 176 號

分子設計

04-2389-3992
moleinterior@gmail.com
臺中市南屯區大墩四街 399 號

分寸設計

02-2718-5003
design@cmyk-studio.com
臺北市松山區富錦街 8 號 2 樓 -3

方構制作空間設計

02-2795-5231
fungodesign@gmail.com
臺北市內湖區民權東路六段 56 巷 31 號 1 樓

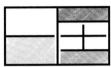

日居室內裝修設計有限公司

02-2892-7060

CNdesign250@gmail.com

臺北市北投區中央南路二段 12-8 號 14 樓

甘納設計 Ganna Design

02-2795-2733

info@ganna-design.com

臺北市內湖區新明路 298 巷 12 號 3 樓

Sophysouldesign 沐光植境

02-2707-9897

sophysoul@gmail.com

臺北市松山區富錦街 120 號 2 樓

知域設計 NorWe

02-2552-0208

norwe.service@gmail.com

臺北市大同區雙連街 53 巷 27 號 1 樓

執見設計室內裝修工程有限公司

06-261-0006

james@jc-design.net

臺南市南區西門路一段 333 巷 24 號

帷圓 · 定制

02-2208-1935

circle716@hotmail.com

新北市新莊區環漢路三段 658 號

DESIGNER DATA

庵設計

0911-366-760

an.yangarch@gmail.com

新竹縣竹東鎮民德路 64 號 12 樓 2 層

寓子設計

02-2834-9717

service.udesign@gmail.com

臺北市磺溪街 55 巷 1 號 1 樓

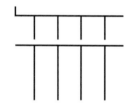

無一設計有限公司

weeeeeedesign@gmail.com

臺北市信義區忠孝東路五段 71 巷 38 號 1 樓

實適空間設計

0958-142-839

sinsp.design@gmail.com

臺北市松山區光復南路 22 巷 44 號

爾聲空間設計

02-2518-1058

info@archlin.com

臺北市中山區長安東路二段 77 號 2 樓

樂浯設計

0975-695-913

lsdesign16@gmail.com

新北市新莊區頭前路 130 號 10 樓

璞沃空間

03-4355-999
rogerr1130@gmail.com
桃園市中壢區四維路 12 號

穆豐空間設計有限公司

02-2958-1180
moodfun.interior@gmail.com
新北市板橋區中山路二段 89 巷 5 號 1 樓

室內空間配色基礎課

2021 年 09 月 01 日初版第一刷發行
2023 年 02 月 10 日初版第二刷發行

著　　者　東販編輯部
編　　輯　王玉瑤
採訪編輯　Fran Cheng・喃喃・許如萱・陳佳歆・黃珮瑜・鍾侑玲
封面・版型設計　謝小捲
特約美編　梁淑娟
發 行 人　若森稔雄
發 行 所　台灣東販股份有限公司
　　　　　＜地址＞台北市南京東路 4 段 130 號 2F-1
　　　　　＜電話＞ (02)2577-8878
　　　　　＜傳真＞ (02)2577-8896
　　　　　＜網址＞ http://www.tohan.com.tw
郵撥帳號　1405049-4
法律顧問　蕭雄淋律師
總 經 銷　聯合發行股份有限公司
　　　　　＜電話＞ (02)2917-8022

室內空間配色基礎課 / 東販編輯部作 .
　-- 初版 . -- 臺北市：
臺灣東販股份有限公司 , 2021.09
224　面；17×23 公分
ISBN　978-626-304-840-9（平裝）

1. 家庭佈置 2. 室內設計 3. 色彩學

422.5　　　　　　　　　　　　110012773